U0363846

数据之道

从技术到应用

邬贺铨　主编

中国科学技术出版社

·北　京·

图书在版编目（CIP）数据

数据之道：从技术到应用 / 邬贺铨主编 . —北京：
中国科学技术出版社，2019.8

ISBN 978-7-5046-8284-0

Ⅰ. ①数… Ⅱ. ①邬… Ⅲ. ①数据处理—研究 Ⅳ.
① TP274

中国版本图书馆 CIP 数据核字 (2019) 第 085116 号

策划编辑	郑洪炜 李 洁	
责任编辑	李 洁	
装帧设计	中文天地	
责任校对	焦 宁	
责任印制	马宇晨	

出 版	中国科学技术出版社	
发 行	中国科学技术出版社有限公司发行部	
地 址	北京市海淀区中关村南大街 16 号	
邮 编	100081	
发行电话	010-62173865	
传 真	010-62173081	
投稿电话	010-63581070	
网 址	http://www.cspbooks.com.cn	

开 本	880mm×1230mm 1/32	
字 数	155 千字	
印 张	8.75	
印 数	1—5000 册	
版 次	2019 年 8 月第 1 版	
印 次	2019 年 8 月第 1 次印刷	
印 刷	北京利丰雅高长城印刷有限公司	
书 号	ISBN 978-7-5046-8284-0 / TP·413	
定 价	80.00 元	

本书编委会

主　　编　邬贺铨

主　　任　郑纬民　刘　鹏

成　　员　张　燕　梁　南　武郑浩

目录

第一章

初识大数据

如果评选当今最为火热的十大技术，大数据无疑是强有力的"种子选手"。大数据已经渗透到各行各业，无人驾驶、智能交通、智慧医疗等新兴技术在一定意义上都依托于"大数据"这一信息资产，越来越多的领域将处于这场"数据风暴"之中。虽然人人都在议论大数据，但是大多数人对其"来龙去脉"却知之甚少。

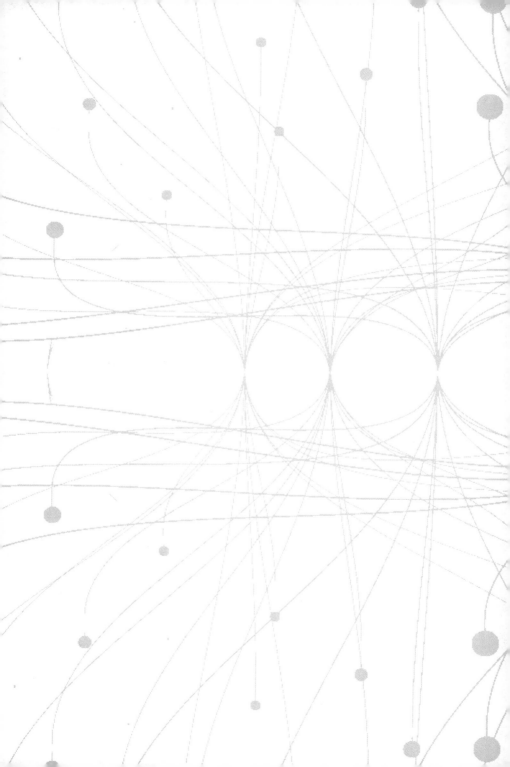

什么是大数据

大数据不仅是一门技术，同时也成为一种商业模式，并正在构建一种新的生态，慢慢地改变着我们的生活。对于大数据的概念众说纷纭，很多人认为"大数据"的内涵其实就在于"数据大"。为此，明确大数据的概念和特点，成了当务之急。

大数据的定义

对于大数据，全球权威的 IT 研究与顾问咨询公司高德纳（Gartner）曾这样描述，"大数据"是需要新处理模式才能具有更强的决策力、洞察发现力和流程优化能力的海量、高增长率和多样化的信息资产。

麦肯锡全球研究所（MGI）在《大数据：创新、竞争和生产力的下一个前沿》中给出的定义则是：大数据是指其大小超出了典型数据库软件的采集、储存、管理和分析等能力的数据集。自此，大数据从经济角度得到了全球的广泛关注。

我国信息学者涂子沛先生将大数据等同于传统的小数据（源于测量）+ 现代的大记录（源于记录）。其中，记录来源于图片、音频、视频等，而随着记录的逐渐增多，大数据也越来越"大"。

2015 年 8 月 31 日，国务院发布《促进大数据发展行动纲要》指出："大数据是以容量大、类型多、存取速度快、应用价值高为主要特征的数据集合，正快速发展为对数量巨大、来源分散、格式多样的数据进行采集、存储和关联分析，从中发现新知识、创造新价值、提升新能力的新一代信息技术和服务业态。"

由中国信息通信研究院编写的《大数据白皮书（2016年）》提出："大数据是新资源、新技术和新理念的混合体。从资源视角看，大数据是新资源，体现了一种全新的资源观；从技术视角看，大数据代表了新一代数据管理与分析技术；从理念视角看，大数据打开了一种全新的思维角度。"

至今，学界对"大数据"一词仍难以给出精确衡量的技术概念定义。既然目前对大数据并没有统一的释义，我们不妨将其理解为一种资源、一种工具、一种思考和认识世界的理念。

用大数据说话

在生活中，"扑面而来"的大数据，令人不知所措。大数据作为一种技术、工具、方法，对现代社会生活的影响和冲击日益凸显，在某些领域甚至是革命性与颠覆式的。纵观人类科技发展史，似乎没有哪一次科技革命像大数据这样，从酝酿萌动到蔓延爆发，仅仅经历短短数年的时间。

用数据说话。在大数据时代，"万物皆数"，注重"量化一切"。人类生活在一个海量、动态、多样的数据世界中，数据无处不在、无时不有、无人不用，数据就像阳光、空气、水一样常见，好比放大镜、望远镜、显微镜那般重要。相较于人们过去的"凭经验办事"，如今我们必须学会"用数据说话"。

让数据发声。在包罗万象的数据海洋中，经过"打捞"不难发现，在数据中藏着诸多熠熠生辉的珍宝，此前看似毫不相关的多件事物，通过"挑拣"，也能发现事物之间隐藏的相互关系，在帮助人们认知事物和把握局势的同时，进一步预测未来，这正是大数据的潜力与价值所在。

在探索数据价值的过程中，我们已经不仅局限于寻求问题背后的因果关系，而是将范围进一步扩大，对普遍联系的各种事物进行一一审视。在这个过程中，相关关系成为探索的重点，"是什么"在一定程度上比"为什么"更重要。正如著名大数据专家维克托·迈尔－舍恩伯格（Viktor Mayer-Schönberger）所言，"要相关，不要因果"成为大数据时代的一个显著特征。

对于相关关系，生活中的很多实例都可以帮助理解。比如，在商业场景中，通过分析可知，大多数顾客在购买牛排的同时，也会顺便购买一些胡椒粉，因为两者是餐桌上的常见搭配，而商场通过将售卖两种物品的货架摆放在一起，并提供搭配销售的优惠券，将大幅提高销售收益。

对于牛排与胡椒粉，大家比较容易将它们联想在一起，但是啤酒和尿布这两种似乎毫无关联的物品，却常同时出现在美国沃尔玛超市顾客的购物篮里。

经过调查分析才知道，在有婴儿的美国家庭中，母亲通常在家照顾孩子，而由父亲去购买尿布。在购买过程中，父亲常常在买尿布的同时，也为自己购买几瓶啤酒，久而久之就总是出现啤酒与尿布同篮的场景。因此，发现这一规律的沃尔玛超市将啤酒与尿布摆放在相邻货架上，以提高销售收入。

除了能用于商业场景，大数据还可以提前预测流感疫情。一般在流感肆虐前，在网上搜索相关生病症状的人会大幅增加。为此，2008 年谷歌推出了"谷歌流感趋势（GFT）"，GFT 根据汇总的谷歌搜索数据，近乎实时地对全球当前的流行疫情进行估测。2009 年，谷歌又通过疫情预测，准确预测了 H_1N_1 在美国的传播，这就是相关关系的巨大力量。

"用数据说话""让数据发声"，已成为人类认知世界的一种全新方法。世界是物质的，物质是数据的，数据正在重新定义世界的物质本源，并赋予"实事求是"新的时代内涵。我们必须善于用数据说话、用数据决策、用数据管理、用数据生活。

大数据作为一种新兴的生产要素、企业资本、社会财富，可谓取之不尽、用之不竭，而且能够重复使用、循环利用。可以说，大数据是一个信息和知识的富矿，蕴藏着无限的商机与巨大的收益，只要去深度分析和挖掘，总会有意想不到的收获。谷歌、亚马逊、Facebook、阿里巴巴、腾讯、京东等领军企业的成功实践和辉煌业绩，就是最生动、最有力的例证。

"得数据者得天下"，除了商机与收益，大数据同时也是"未来的石油"，将成为社会创新发展的动力源泉。大数据正在推动科学研究范式、产业发展模式、社会组织形式、国家治理方式的转型与变革。"数据可以治国，还可以强国"，大数据在中国大有可为。中国是一个人口大国、制造业大国、互联网大国，这些都是最活跃的数据产生主体。根据国际数据资讯公司（International Data Corporation，IDC）预计，数字宇宙规模将在 2020 年达到 40ZB，而中国将产生占全球 21% 的数据。令人可喜的是，我国已就大数据做出战略部署，制定了发展规划和行动纲要，我们可以和发达国家在同一起跑线上赛跑，并可能实现弯道超越。

借用维克托·迈尔 – 舍恩伯格、肯尼恩·库克耶的警示：对于大数据时代，如果你是一个人，你拒绝的话，可能失去生命；如果是一个国家的话，可能会失去这个国家的未来、失去一代人的未来。

中国发展大数据的战略

基于大数据日益成为生产资料与价值资产，加快大数据部署，深化大数据应用，已经成为抢占"数据革命"先机的国家大事。正如习近平总书记强调的"机会稍纵即逝，抓住了就是机遇，抓不住就是挑战"。为了抓住这一革命契机，我国早已进行了政策规划，将大数据发展上升为国家战略。

2012年7月，国务院印发《"十二五"国家战略性新兴产业发展规划》，明确提出支持海量数据存储、处理技术的研发和产业化。2013年1月，工信部、国家发改委、国土资源部等五部委联合发布《关于数据中心建设布局的指导意见》，对未来中国数据中心发展指明了方向，对数据中心建设布局提供了保障措施。

2015年8月，国务院印发《促进大数据发展行动纲要》，明确提出建设数据强国。2016年3月，《中华人民共和国国民经济和社会发展第十三个五年规划纲要》明确实施国家大数据战略。2017年，工信部印发《大数据产业发展规划（2016—2020年）》，最终将发展目标定位为："到2020年，技术先进、应用繁荣、保障有力的大数据产业体系基本形成"，以此构建我国大数据产业的顶层架构设计框架。

目前，在技术优势方面，我国已经具备发展大数据的技术与产业基础，在全球十大互联网企业中，中国占据四席，特别是在智慧物流、移动支付等垂直应用领域，即便是大数据核心技术比较领先的美国，也逊色于中国。

同时，由于起步较晚，中国大数据发展的局限也不容忽视，与发达国家相比，中国在新型计算平台、分布式计算架构、大数据处理、分析和呈现等相关核心技术方面与国外相比仍存在差距。

国外发展大数据的战略

从 2008 年《自然》杂志将"大数据"一词带入大众视野，直至其在各行各业发挥重要作用，不过 10 年时间。在这 10 年里，综览世界各国，大多处于大数据发展的初级阶段。即便是美国、日本、欧盟这些发达国家和地区，在大数据这一新兴技术的发展中也几乎处于同一起点。

在这次大数据浪潮中，美国是较早做出反应的国家。2009 年，美国为了加快实现公共部门的开放共享，倾力建设了 Data.gov 这一门户网站，整合了包括财政、金融、医疗、科教、交通、能源等在内的 50 个部门的数据，并通过 OGPL 平台的建设和完善，制定数据交换、用户交流、数据资源管理等制度，进一步完善平台功能。

2012 年 3 月，美国政府宣布实施《大数据研究与发展计划》，整合了包括能源部、国家科学基金、国家卫生研究院、国防部等 6 个联邦政府部门，组建"大数据高级指导小组"。美国政府投入 2 亿美元，资助大数据研究和发展计划，以加强企业、政府、学术界的大数据应用能力，提高从海量的数据中挖掘、获取有价值的信息的能力，提升大数据时代的科研、教育、国家安全等研发和保障水平。

此外，在美国政府的引导与支持下，谷歌、甲骨文、IBM、Facebook 等企业高度重视大数据技术的研发，纷纷尝试应用多种方法与措施，在数据采集、清洗、挖掘、分析和可视化等方面加大研发和推广力度，进一步加速和助推了大数据产业化和市场化的进程。

英国则一直将大数据产业作为新经济增长点，希望以此刺激本国经济发展。2013 年，英国政府发布《英国数据能力发展战略规划》，为了进一步推动大数据技术发展，政府投资达到 1.89 亿英镑，之后又拿出 7300 万英镑投入大数据技术的开发，主要用于在 55 个政府数据分析项目中展开大数据技术的应用，以高等学府为依托投资兴办大数据研究中心，积极带动牛津大学、伦敦大学等著名高校开设以大数据为核心的专业等。

与美国的 Data.gov 平台类似，英国政府建立了被称为"英国数据银行"的 data.gov.uk 网站，通过这个公开平台发布政府的公开政务信息，为公众提供一个方便进行检索、调用、验证政府数据信息的官方出口。值得一提的是，利用互联网技术将全世界数据汇总起来的世界上首个非营利性的开放式数据研究所（The Open Data Institute，ODI）同样也在英国成立。

日本把大数据和云计算衍生出的新兴产业群视为提振经济增长、优化国家治理的重要抓手。2013 年 6 月，日本政府正式公布新 IT 战略《创建最尖端 IT 国家宣言》，以开放大数据为核心的 IT 国家战略，计划将日本建设成为一个具有世界最高水准的广泛运用信息产业技术的社会。日本政府表示，2020 年原则上将所有政府信息系统云计算化，减少三成运行成本。

谈到大数据产业的领先优势，各国的优势与侧重点各不相同。工信部赛迪研究院软件所所长潘文曾指出，"目前，美国、英国、法国、澳大利亚等国家在大数据核心技术方面居于领先地位"。同时，在数据保护方面，欧洲保持领先，日本成功地将大数据应用于医疗、交通领域，新加坡则在电子政务方面独树一帜。

大数据的源头活水

英特尔创始人戈登·摩尔（Gordon Moore）在 1965 年提出了"摩尔定律"，即当价格不变时，集成电路上可容纳的晶体管数目，约每隔 18 个月增加 1 倍，性能也将提升 1 倍。1998 年，图灵奖获得者杰姆·格雷（Jim Gray）提出"新摩尔定律"，即人类有史以来的数据总量，每隔 18 个月就会增加 1 倍。

从图 1.1 中可以看出，2004 年，全球数据总量是 30EB（1EB=1024PB），2005 年是 50EB，2006 年是 161EB，到 2015 年，则达到 7900EB。根据预测，2020 年将达到 35000EB。

下面列举一组 2016 年的互联网数据展示大数据到底有多大。

（1）互联网每天产生的全部内容可以刻满 6.4 亿张 DVD。

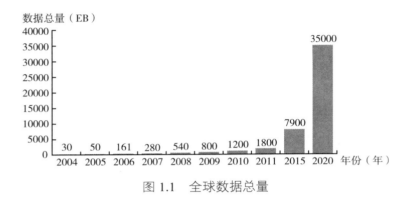

图 1.1　全球数据总量

（2）谷歌每天需要处理 24PB 的数据。

（3）在 Facebook 上，每天网民要花 7000 亿分钟，用户发送和接收的数据高达 1.3EB。

（4）在 Twitter 上每天发布 5000 万条消息，假设 10 秒就浏览一条消息，足够一个人昼夜不停地浏览 16 年。

产生如此海量数据的原因主要有三个。

一是大量的人群产生的海量数据。全球已经有约 30 亿人接入互联网，在 Web 2.0 时代，每个人不仅是信息的接收者，也是信息的生产者，成为数量庞大的数据源，因为几乎每个人都在用智能终端拍照、拍视频、发微博、发微信等。

二是大量传感器产生的海量数据。目前全球有 30

亿～50亿个传感器，预计到2020年会达到10万亿个，这些传感器24小时不停地产生数据，导致了信息的爆炸。

三是科学研究和各行各业越来越依赖大数据手段开展工作。例如，欧洲粒子物理研究所的大型强子对撞机每年需要处理的数据是100PB，且每年增长27PB；石油部门用地震勘探的方法来探测地质构造、寻找石油，需要用大量传感器来采集地震波形数据；高铁的运行要保障安全，需要在铁轨周边大量部署传感器，从而感知异物、滑坡、水淹、变形、地震等异常。

也就是说，随着人类活动的进一步扩展，数据规模会急剧膨胀，包括金融、汽车、零售、餐饮、电信、能源、政务、医疗、体育、娱乐等在内的各行各业，都发生了数据量的快速累积，数据类型日趋复杂，已经超越了传统数据管理系统、处理模式的能力范围，于是"大数据"这样一个概念才会应运而生。

从另一个角度看，大数据就是通过各种数据采集器、数据库、开源的数据发布、GPS信息、网络痕迹（如购物、搜索历史等）、传感器收集、用户保存和上传的等结构化或者非结构化的数据，范围非常广泛。我们可以从产生数据的主体、数据来源的行业、数据存储的形式三个方面对大数据的来源进行分类。

按产生数据的主体划分

按产生数据的主体划分可以分为三个方面：①少量企业应用产生的数据，如关系型数据库中的数据和数据仓库中的数据等。②大量人产生的数据，如推特、微博、通信软件、移动通信数据、电子商务在线交易日志数据、企业应用的相关评论数据等。③巨量机器产生的数据，如应用服务器日志、各类传感器数据、图像和视频监控数据、二维码和条形码（条码）扫描数据等。

按数据来源的行业划分

按数据来源的行业划分可以分为五个方面：①以互联网三大公司（BAT）为代表的互联网公司；②电信、金融、保险、电力、石化行业；③公共安全、医疗、交通领域；④气象、地理、政务等领域；⑤制造业和其他传统行业。

一是以互联网三大公司（BAT）为代表的互联网公司。百度公司数据总量超过了千拍字节级别，涵盖了中文网页、百度推广、百度日志、UGC等多个部分，并以70%以上的搜索市场份额坐拥庞大的搜索数据。阿里巴巴公司保存的数据量超过了百拍字节级别，拥有90%以上的电商数据，数据涵盖了点击网页数据、用户浏览数据、交易数据、购物数据等。腾讯公司总存储数据量经压缩处理后仍然超过了百拍字节级别，数据量月增加达到 10%，包括大量社交、游戏等领域积累的文本、音频、视频和关系类数据。

二是电信、金融、保险、电力、石化行业。电信行业数据包括用户上网记录、通话、信息、地理位置数据等，运营商拥有的数据量近百拍字节级别，年度用户数据增长超过 10%。金融与保险包括开户信息数据、银行网点数据、在线交易数据、自身运营数据等，金融系统每年产生的数据超过数十拍字节，保险系统的数据量也超过了拍字节级别。在电力与石化行业，仅国家电网采集获得的数据总量就达到了数十拍字节，石油化工行业每年产生和保存下来的数据量也近百拍字节级别。

三是公共安全、医疗、交通领域。一个大中型城市，一个月的交通卡口记录数可以达到 3 亿条；整个医疗卫生行业一年能够保存下来的数据可达到数百拍字节级别；航班往返一次产生的数据就达到太字节级别；水陆路运输产生的各种视频、文本类数据，每年保存下来的也达数十拍字节。

四是气象、地理、政务等领域。中国气象局保存的数据近 10PB，每年约增数百太字节；各种地图和地理位置信息每年数十拍字节；政务数据则涵盖旅游、教育、交通、医疗等多个门类，且多为结构化数据。

五是制造业和其他传统行业。制造业的大数据类型以产品设计数据、企业生产环节的业务数据和生产监控数据为主。其中，产品设计数据以文件为主，非结构化，共享要求较高，保存时间较长；企业生产环节的业务数据主要是数据库结构化数据；生产监控数据则数据量非常大。在其他传统行业，虽然线下商业销售、农林牧渔业、线下餐饮、食品、科研、物流运输等行业数据量剧增，但是数据量还处于积累期，整体体量都不算大，多则达到 PB 级别，少则数十太字节或数百太字节级别。

按数据存储的形式划分

大数据不仅体现在数据量大上，还体现为数据类型多。如此海量的数据中，仅有 20% 左右属于结构化的数据，其余 80% 的数据属于广泛存在于社交网络、物联网、电子商务等领域的非结构化数据。

结构化数据简单来说就是存储在数据库中的数据，如企业 ERP、财务系统、医疗 HIS 数据库、教育一卡通、政府行政审批、其他核心数据库等数据库。

非结构化数据包括所有格式的办公文档，文本，图片，XML，HTML，各类报表、图像、音频、视频信息等数据。

大数据的六大特征

2001 年，麦塔集团分析师道格拉斯·兰妮（Douglas Laney）在《3D 数据管理：控制数据容量、处理速度及数据种类》中首先提出了大数据的"量""速""类"三大方向特征，在此基础上，IBM 提出了如今被业界公认的大数据"4V"特征：volume（体量大）、variety（种类多）、velocity（速度快）和 value（价值高）。

毋庸置疑，这四点确实是大数据非常重要的特征。不过，随着时间的推移和大数据的发展，已有更多的大数据特征涌现出来，比如易变性（variability）和复杂性（complexity）等。

体量大

大是大数据的主要特征。从有文字记录开始到 21 世纪初期，人类累积生成的数据总量，仅相当于现在全世界一两天创造的数据量，"1 天 = 2000 年"。根据 IDC 的报告预测，2013 年全球存储的数据预计达 1.2ZB（1ZB = 1024EB），如果将其存储到只读光盘上分成 5 堆，那么每一堆都可以延伸至月球。2013—2020 年，人类的数据规模将扩大 50 倍，每年产生的数据量将增长到 44ZB，相当于美国国家图书馆数据量的数百万倍，且每 18 个月增加1 倍。

种类多

大数据与传统数据相比，数据来源广、维度多、类型杂，各种机器仪表在自动产生数据的同时，人自身的生活行为也在不断创造数据；不仅有企业组织内部的业务数据，还有海量相关的外部数据。除数字、符号等结构化数据外，更有大量包括网络日志、音频、视频、图片、地理位置信息等在内的非结构化数据，占数据总量的 90% 以上。

速度快

随着现代感测、互联网、计算机技术的发展，数据生成、储存、分析、处理的速度远远超出人们的想象，这是大数据区别于传统数据或小数据的显著特征。例如，欧洲核子研究中心（CERN）的离子对撞机每秒运行产生的数

据高达 40TB；1 台波音喷气发动机每 30 分钟就会产生
10TB 的运行数据；Facebook 每天有 18 亿照片上传或被
传播。过去历经 10 年破译的人体基因 30 亿对碱基数据，
现在仅需 15 分钟即可完成。2016 年，德国法兰克福国际超
算大会（ISC）公布的全球超级计算机 500 强榜单中，由中
国国家超级计算无锡中心研制的"神威·太湖之光"夺得第
一，该系统峰值性能为 12.5 亿亿次 / 秒，其 1 分钟的计算
能力，相当于全球 70 亿人同时用计算器不间断地计算 32 年。

价值高

大数据作为基础性战略资源，除基础的数据应用之
外，通过深入的数据分析与挖掘，能够在政务、金融、交
通、环保等各行各业实现落地应用，进一步发挥赋值和赋
能的作用。简而言之，大数据拥有高价值的特点，在帮助
优化资源配置的同时，能够进一步辅助决策，提高决策能
力，并真正改变人们的生活方式。

易变性

大数据包括结构化、半结构化和非结构化数据，无论
是存储在数据库里通过二维表结构实现逻辑表达的结构化
数据，还是不能使用数据库二维逻辑表进行表达的非结构
化数据，或是字段数目不定，可根据需要进行扩展的半结

构数据，都使得描述现象、关系或逻辑的数据结构呈现多变形式和类型。随着时间推移或者某些事件触发，不稳定的数据流呈现波动的特征，数据的不规则性与易变性将日益凸显。

复杂性

受数据结构、类型、大小和变化等诸多因素影响，大数据呈现一定的复杂性，数据抽取、数据加载、数据转换、数据关联等环节日趋复杂，特别是随着数据的爆发式增长，快速有效地提取大数据信息，实现从"数据"到"知识"已经变得越来越具有挑战性。

从物联网到人工智能

物联网、云计算、大数据与人工智能构成的"大数据金字塔"正在悄然改变着人们的生活。四者紧密相连、密不可分，构成了一个环环紧扣的整体。物联网可以广泛感知与采集各种数据，起到数据获取作用；云计算可以提供大数据的存储和处理能力，起到数据承载作用；大数据技术可以管理和挖掘大数据，从数据中提取信息，起到数据分析作用；人工智能可以学习数据，将数据变成知识，起到数据理解作用。这四者是层层递进、相互依存的关系（图1.2）。正如邬贺铨院士所言，"我们现在进入了一个'大智物移云'——大数据、智能化、物联网、移动互联网、云计算的时代"。

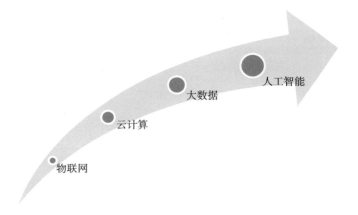

图 1.2　物联网、云计算、大数据、人工智能四者层层递进、相互依存

物联网

每天早起，我们会习惯性地点开天气 App，查看一天的天气情况；准备出门时，打开打车与地图软件，一键叫车或者导航前往目的地；运动健身时，使用各种运动手环

与手机 App，帮助记录运动量和运动轨迹……随着可穿戴、车联网、智能抄表等新应用的开启，万物互联的时代正加速到来，物与物的连接已经驶入增长快车道。据全球移动通信系统协会（GSMA）预测，到 2020 年互联设备将达到 270 亿。

我们可以将物联网简单地理解为物物相连的网络。布设在各地的感应器、定位系统和传感设备等，按照约定的协议，通过互联网相互联系与交流，进行识别、定位、跟踪和管理等，实现了信息交流与通信，达到了"物物相息"。目前物联网关键技术包括传感器技术、射频识别（RFID）标签、嵌入式系统技术等，而物联网产业由应用层、支撑层、感知层、平台层、传输层五个层次构成。

云计算

云计算基于互联网的相关服务的增加、使用和交付模式，通常涉及通过互联网来提供动态易扩展且经常是虚拟化的资源，能够为大数据提供强大的存储和处理能力。大数据相当于人的大脑从小学到大学记忆和存储的海量知识，这些知识只有通过消化、吸收、再造，才能创造出更大的价值。人工智能可以理解为机器人通过不断的深度学习，吸收大量的人类知识，从而进化的过程。人工智能离不开大数据，同时需要基于云计算平台完成深度学习进化。

　　云计算就好比是从古老的单台发电机模式转为电厂集中供电的模式。它意味着计算能力也可以作为一种商品进行流通，就像煤气、水、电一样，取用方便，费用低廉。最大的不同在于，它的传输载体是互联网。目前在市场上，云计算的服务形式分为三种：基础设施即服务（IaaS）、平台即服务（PaaS）和软件即服务（SaaS）。

　　IaaS 是消费者通过互联网从完善的计算机基础设施获得服务；SaaS 是通过互联网提供软件的模式，用户无须购买软件，而是向提供商租用基于 Web 的软件，来管理企业经营活动；PaaS 指将软件研发的平台作为一种服务，以 SaaS 的模式提交给用户。

大数据

　　由上述介绍可知，大数据是一种规模大到在获取、管理、分析方面大大超出传统数据库软件工具能力范围的数据集合，是需要新处理模式才能具有更强的决策力、洞察发现力和流程优化能力的海量、高增长率和多样化的信息资产。大数据无法用单台的计算机进行处理，必须采用分布式架构。它的特色在于对海量数据进行分布式数据挖掘，但它必须依托云计算的分布式处理、分布式数据库和云存储、虚拟化技术。

在与大数据打交道的过程中，我们首先需要进行数据采集，通过数据源获得各种机器数据、日志数据、业务数据等，并对这些数据进行筛选与纠错，完成数据清洗，为后续的数据处理做准备。其次，对于"洗好"的数据，可以在这个基础上进行第三步——数据建模，建立数据存放模型，对数据进行重新设计与规划。最后，完成数据加工，将各种数据进行汇总分析，最终为决策与应用提供参考。

如果将大数据比作一个产业，那么这种产业实现盈利的关键在于提高对数据的"加工能力"，通过"加工"实现数据的"增值"。据预测，2016—2020年，大数据在教育、交通、消费、电力、能源、健康和金融七大全球重点领域的应用价值在32200亿~53900亿美元。在经历了政策热、资本热之后，大数据行业进入了稳步发展阶段，大数据已从概念层面落实到了应用层面。

人工智能

目前人工智能可以分为计算智能、感知智能和认知智能三个层次：计算智能指计算能力和存储能力超强，AlphaGo是其中的典型代表；感知智能指让计算机能听会说，可以与人交流，比如第一个被授予国籍的机器人

Sophia；认知智能指让计算机能理解、会思考，如正在研发的各种考试机器人。

2016 年 3 月，对于 AlphaGo 与李世石的人机大战，大多数人仍然坚持机器不可能战胜人类，就连聂卫平都直言："若机器和人比赛围棋，我认为机器是一点机会都没有的。"然而，AlphaGo 以 4：1 的比分打败人类棋手，一众哗然。AlphaGo 的获胜，不仅掀起了人工智能的关注热潮，也开启了 AlphaGo 的进化之路。

在那场人机大战后，2017 年 1 月，一位名为 Master 的网络棋手，在围棋对弈网站横扫中日韩顶尖高手，取得 60 连胜后全身而退，随即公开承认本尊正是 AlphaGo，再次收获一众惊叹。当大家以为 Master 已经无敌时，AlphaGo Zero 横空出世。作为 AlphaGo 的最新版本，AlphaGo Zero 自学 3 天，以 100：0 的成绩完胜此前击败李世石的 AlphaGo 版本；自学 40 天，以 89：11 的绝对优势击败 AlphaGo Master，再一次震惊世界。

与以前的众多数据分析技术相比，人工智能技术立足于神经网络，同时发展出多层神经网络，从而可以进行深度机器学习。与传统的算法相比，这一算法并无多余的假设前提（如线性建模需要假设数据之间的线性关系），而是完全利用输入的数据自行模拟和构建相应的模型结构。这一算法特点决定了它更为灵活，且可以根据不同的训练数据而拥有自优化的能力。

但这一显著的优点带来的便是显著增加的运算量。在计算机运算能力取得突破前，这样的算法几乎没有实际应用的价值。大概十几年前，我们尝试用神经网络运算一组并不海量的数据，三天都不一定会出结果。但如今，高速并行运算、海量数据、更优化的算法共同促成了人工智能发展的突破。

人工智能之所以历经多年后才于近年颇受关注，归因于人工智能关键技术——深度学习（deep learning，DL）的出现，深度学习使人工智能有了实用价值。深度学习的概念由杰弗里·欣顿（Geoffrey Hinton）等人于 2006 年提出，是机器学习研究中的一个新的领域，其通过模拟人脑分析学习的神经网络，模仿人脑机制解释图像、声音和文本等数据。其实质在于构建具有多隐层的机器学习模型，并通过海量的训练数据，学习更有用的特征，以最终提升分类或预测的准确性。

与机器学习方法一样，深度机器学习方法也有监督学习与无监督学习之分。在不同的学习框架下，建立的学习模型也不同。例如，卷积神经网络（Convolutional Neural Networks，CNNs）是一种深度的监督学习下的机器学习模型，而深度置信网络（Deep Belief Neworkts，DBNs）则是一种无监督学习下的机器学习模型。

深度学习技术展现了优异的信息处理能力，能够从大数据中发掘更多有价值的信息和知识，被用于计算机视觉、语音识别，自然语音处理等领域，并取得了大量成果。比如，在医学领域，在深度学习的训练之下，图像识别的准确度、前瞻性与日俱增，通过对患者数据进行处理与客观判断，已经达到能提前预测癌症的程度，并且预测准确度明显高于人类医生。中国眼科专家与科学家共同研发了可以识别先天性白内障的深度学习算法，诊断准确率已经超过 90%。

值得一提的是，人工智能依托于深度学习的发展，而深度学习正是在物联网、云计算和大数据日趋成熟的背景下才取得的实质性进展。通过将物联网产生、收集海量的数据存储于云平台，再通过大数据分析，人工智能能为人类的生产、生活所需提供更好的服务。简而言之，如果将人工智能比喻为火箭，那么物联网是发射台，大数据是燃料，云计算则是引擎。无论是物联网、云计算、大数据还是人工智能，都将会成为未来市场的主流。

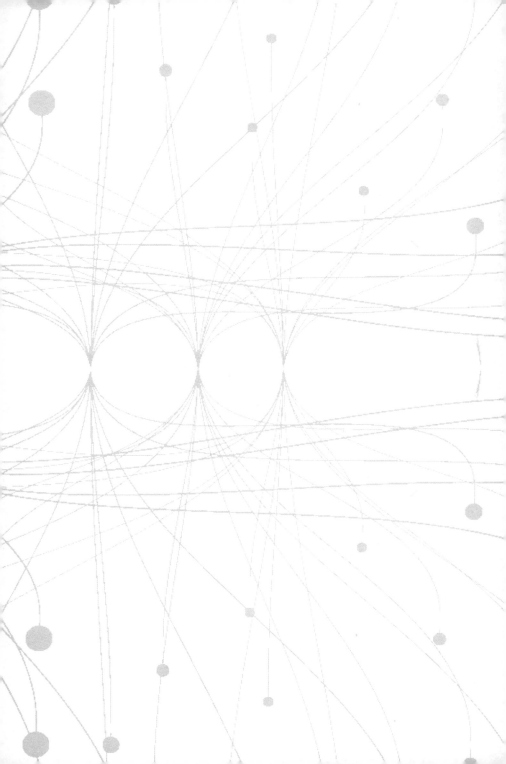

第二章
大数据的"道"与"术"

从哲学角度分析，任何事物的发展都离不开"道"与"术"。大数据的发展与应用同样有着内在的"道"与"术"。"道"即需要秉持的信念与价值观，"术"则是执行与方法论。《孙子兵法》提到"道为术之灵，术为道之本，以道统术，以术得道。""道"与"术"相互依存，共同发力，有"道"无"术"是纸上谈兵，有"术"无"道"是盲人摸象。

当然，大数据并不是一瞬间的灵感乍现，其经过了环环紧扣的发展时期，最终演化成为现在的信息资产与科学范式。在这个过程中，不仅伴随着科学研究的持续推进，同时拥有云计算等发展支撑，最终呈现了星星之火，燎原之势，从野蛮生长发展到了如今的博弈时代。

雏形：科学研究"第四范式"

在科学技术突飞猛进的发展和外部环境的共同推动下，科学研究范式受到各种新挑战，并不断产生新范式。从经验科学发展到理论科学，再到计算科学、数据密集型科学，每种科学研究范式都有各自的特征和范例，并对数据工程与数据科学有着重要的推动意义，其中科学研究"第四范式"的影响尤为明显。

何为科学研究"第四范式"

在了解"第四范式"之前，首先让我们对范式进行一个准确的界定。在《科学革命的结构》的作者托马斯·库恩（Thomas S.Kuhn）看来，范式是指在某一常规科学中，科学共同体所赖以运作的理论基础和实践规范。我们可以将其理解为已经形成模式的，可直接套用的某种特定的方案或路线。简而言之，可以将范式理解为某种必须遵循的规范或大家都在用的套路。

在科学发现领域，几千年前，人们主要以记录和描述自然现象为主，可以将其看作实验科学（或经验科学）的初期。后来，迈入以伽利略为代表的文艺复兴时期的科学发展初级阶段。伽利略在比萨斜塔进行了著名的自由落体实验，从此推翻了亚里士多德"物体下落速度和重量成正比"的说法，为现代科学开辟了崭新的领域。由此而确立的以实验为基础的科学研究模式，被称为第一范式（实验科学范式）。

当实验条件不具备的时候，为了研究更为精确的自然现象，出现了以理论研究为基础的科学研究模式，即第二范式（理论科学范式）。第二范式自 17 世纪诞生，一直持续到 19 世纪末。在这个阶段，科学家将无法用实验模拟的科学原理使用模型简化，去掉一些复杂的因素，只留下关键因素，然后通过演算得到结论。比如，我们熟知的牛顿第一定律：一切物体在没有受到力的作用时，总保持静止或匀速直线运动状态。

19世纪末，第二范式发展到极致，当时牛顿三大定律解释了经典力学，麦克斯韦理论解释了电磁学，成就了当时经典物理学的宏伟大厦。20世纪初，量子力学和相对论两座高山又拔地而起，开启了科学的另一个黄金时代。无论是量子力学还是相对论，都不约而同地以理论研究为主，这时超凡的头脑和计算超越了实验。

随着验证理论的难度和经济投入越来越高，科学研究逐渐出现力不从心的疲态。这时，另一位科学家——冯·诺依曼（John von Neumann）站了出来。他在20世纪中期提出现代电子计算机的架构，并一直持续到今天。此后，随着电子计算机的高速发展，第三范式（计算科学范式）——利用电子计算机对科学实验进行模拟仿真的模式得到迅速普及。无论在基础科学研究中还是工程实验中，计算机仿真越来越多地取代实验，成为科研的常用方法。

计算科学应用范围广泛，包括进行数值模拟，重建和理解地震、海啸等已知事件，或用于预测未来情况，如天气预报等；进行模型拟合与数据分析，调整模型或利用观察来解方程，用于石油勘探等；在工艺和制造过程等领域，进行计算和数学优化，以求得最优化已知方案。

此后，随着互联网时代的来临，图灵奖得主吉姆·格雷（Jim Gray）认为，鉴于数据的爆炸性增长，数据密集范式理应并且已经从第三范式（计算科学范式）中分离出来，成为一个独特的科学研究范式，即第四范式（数据密集范式）。此后，格雷的同事托尼·黑（Tony Hey）等人，根据他最后一次的演讲精髓，撰写了《第四范式：数据密集型科学发现》一书。

第四范式的特点

数据密集范式是继实验科学、理论科学和计算科学之后的第四范式，该范式与其他范式相比，有其特别之处。

在大数据时代，相较于对因果关系的渴求，人们更关注事物的相关关系。在这一背景下，数据密集范式作为为大数据量身定做的科学研究方法，其最具特色的地方在于它秉持的"客观性"和对"相关性"的追寻。如果我们把"因果性"看作一种特殊的相关性的话，那么大数据实际上是更加泛化的"相关性"。

与计算科学范式相比，数据密集范式同样是通过计算机进行计算，两者的区别在哪里？对于计算科学范式而言，往往是首先进行理论假设，在这个基础上，通过搜集数据与资料，进行计算与求证，而数据密集范式则是基于大量数据，直接通过计算得出未知结论。

正如吉姆·格雷的理解，第四范式的方法论程序主要通过以下几个步骤完成：①通过工具或者模拟来获取数据；②软件的处理；③信息或知识在计算机中的储存；④科学家通过数据管理和统计对数据库和文档进行分析。

在第四范式中，科学家需要通过实时、动态地监测数据，解决难以触及的科学问题，在这个过程中，数据的角色也发生了转变，数据不再只是科学研究的结果，同样成为科学研究的对象和工具，是科学研究的基础，科学家需要基于数据来思考、设计和实施科学研究。

具体而言，人们不再只关心数据建模、保存、分析、复用等，探索数据及其内在的交互性、开放性和基于海量数据的可知识对象化、可计算化成为科学研究更为注重的关键点。在这个过程中，人们构造了基于数据的、开放协同的研究与创新模式，进行着第四范式的科学研究，即数据密集型的知识发现。

当然，这得益于信息与网络技术的快速发展，通过感知、计算、仿真、模拟等基础设施的布设，获得和研究数据越来越容易，在进一步推动第四范式发展的同时，也为实际研究和应用提供了更多可能。比如，就环境监测治理而言，目前通过多种类型的传感器，定位空间位置，广泛采集多样化的环境数据，并在对其研究分析的基础上，进一步完成污染溯源、预警甚至治理。

综上可知，现在的第四范式是让计算机自己从海量数据中发现模式，让数据自己发声，真理就在"数"中。第四范式作为知识发现的一条新通道，应该得到认可，它的出现并不是要否定前三个范式，而应该与前三个范式相辅相成，共同构成人们发现知识、探寻真理的方法体系。

破壳：麦肯锡预言"大数据"到来

大数据是一个持续演变的概念，随着 IT 技术的发展和数据的不断积累，大数据技术开始不断被人提及。2008 年,《自然》杂志发表了一篇文章《大数据：下一个谷歌》。文中开篇写道，"谷歌 10 年前在车库里发明了搜索引擎，那么未来 10 年会有哪一项具有同样可以改变世界的新技术涌现呢？"

文中列举了多位专家、研究员和商业人士的看法，虽然涉及领域十分广泛，但是大家都认可一个观点，即打破虚拟与现实之间的界限，将世界上的物质与信息进行整合，打造一个巨大的数据库，将是未来重要的变革。换言之，《自然》将大数据列入了未来 10 年可以与谷歌搜索引擎媲美的创新变革。

自 2008 年《自然》杂志抛出了"大数据"这个新术语后，它便频繁出现在公众视野。2011 年，《科学》杂志在其专刊 *Special Online Collection: Dealing with Data* 中指出，通过与多位科学事业的同人合作，《科学》针对日渐增长的研究数据，总结出了数据洪流带来的挑战，以及对数据进行合理组织和利用带来的机遇。

虽然《自然》和《科学》杂志都已将"大数据"一词作为前沿科技词汇引荐给大众，但是并没有对大数据的定义给出明确界定，直至麦肯锡全球研究所（MGI）正式将其带入概念界定阶段。麦肯锡最早提出"大数据时代已经到来"的观点。

2011 年，麦肯锡在《大数据：创新、竞争和生产力的下一个前沿》的研究报告中指出，数据已经渗透到每一个行业和业务职能领域，逐渐成为重要的生产因素，而人们对于海量数据的运用将预示着新一波生产率增长和消费者盈余浪潮的到来。

在报告中，麦肯锡将"大数据"定义为大小超出了典型数据库软件的采集、储存、管理和分析等能力的数据集。该定义有两方面内涵：一是符合大数据标准的数据集大小会随着时间推移和技术进步而增长；二是不同部门符合大数据标准的数据集大小存在差别。目前，大数据的一般范围是从几个太字节到数个拍字节（数千太字节）。

随着技术的进步，被认定为"大数据"的数据集的大小数量级将增加。同时，被认定为"大数据"的数据集大小的定义会因行业而异，它取决于这些行业中普遍使用的软件工具以及通常的数据集的大小。

无独有偶，对于大数据的发展，著名国际咨询机构高德纳在其发布的新兴技术成熟度曲线中，同样将2011年看作大数据的技术萌芽期（图2.1）。同时，高德纳也将2012—2014年看作大数据的技术炒作期。在跨过炒作期后，大数据逐渐降温，并开始进入实质性的数据研究阶段。2013年，大数据由技术方面的一个热词变成一股引领社会的浪潮，逐渐开始影响社会生活的方方面面。仅仅数年时间，大数据就从大型互联网公司认定的专业术语，演变成决定我们未来数字生活方式的重大技术命题（图2.2）。同时，人工智能也正在掀起下一个技术浪潮。

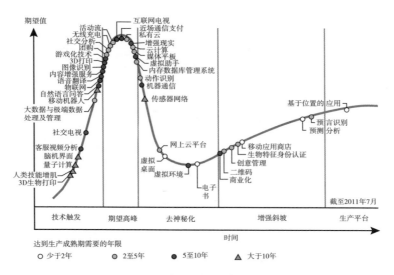

图 2.1 2011 年高德纳技术成熟曲线

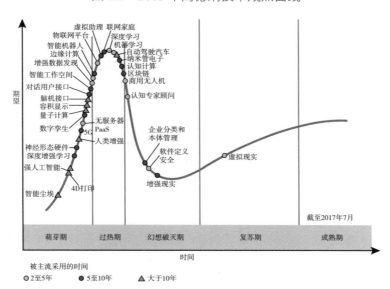

图 2.2 2017 年高德纳新兴技术成熟曲线

兴起：云计算为大数据创造技术前提

大数据与云计算相辅相成、相得益彰。一方面，云计算为大数据提供强大的存储和计算能力，以及更高速的数据处理，能够更方便地提供服务；另一方面，来自大数据的业务需求，则为云计算的落地找到更多更好的实际应用。总的来说，云计算为大数据的兴起与发展创造了技术前提，如果将大数据比作资源丰富的矿池，那么云计算则是掘金的工具和途径。

经过 10 年发展，云计算在国内已经拥有超百亿规模，不再只是充当存储与计算的工具，已经普及并成为 IT 行业主流技术和商业模式，我们可以将云看作一棵挂满大数据的苹果树。

简单地说，云计算是一种基于互联网的计算方式，通过这种方式，共享的软、硬件资源和信息可以像水、电一般，按需流向计算机和其他设备。同时，美国国家标准与技术研究院（National Institute of Standards and Technology，NIST）界定了云计算模式所具备的五个基本特征（随需应变的自助服务、广泛的网络访问、资源共享、快速的可伸缩性、计量付费服务）、三种服务模型和四种部署方式，可提供灵活快速的资源服务。

其中，云计算具有三种基本的服务模型：SaaS、PaaS、IaaS。其中，IaaS是租用处理、存储、网络和其他基本的计算资源，消费者通过互联网即可从完善的计算机基础设施获得服务；PaaS是将消费者创建或获取的应用程序，利用资源提供者指定的编程语言和工具部署到云的基础设施上；SaaS则是应用程序在云基础设施上运行，消费者不直接管理或控制底层基础设施。

通俗地说，可以将三种服务模型看作是购买比萨的过程。如果某天你突然想吃比萨，那么你可以选择购买速食比萨回家烘焙，也就是你需要一个提供材料的比萨供应商（IaaS），可能你觉得这种方式略显麻烦，那么还可以通过外卖平台快速下单，不一会儿你想吃的比萨就能送到家门口（PaaS）。当然，如果你正好离比萨店不远，也可以直接到店里吃，与前两种方式相比，这种方式更为简单直接，甚至餐桌、纸巾都是现成的，你所需要做的就是等着吃

（SaaS）。

在三种服务模型之外，云计算还具有私有云、社区云、公有云和混合云四种部署方式。其中，私有云是为一个用户单独使用而构建的，社区云是指一些由有着共同利益并打算共享基础设施的组织共同创立的云，公共云对公众或行业组织公开可用，混合云则由两个或两个以上的云组成。

通过对云计算的特点和模式介绍可知，云计算具有弹性伸缩、动态调配、资源虚拟化、支持多租户、支持按量计费或按需使用等特性，正好契合了大数据技术实现的发展需求。在数据量爆发增长以及对数据处理要求越来越高的当下，只有实现大数据和云计算的结合，才能更好地发挥二者的优势。

目前，在精确营销、智慧物流、智能交通、平安城市等多个方面，大数据逐渐发挥了举足轻重的作用。值得一提的是，大数据也正在呈现与人工智能结合的应用趋势，计算机可以更好地学习模拟人类智能。例如，语音识别、机器翻译等不断取得新进展，机器学习也在越来越多的领域发挥重要作用。

前沿：从野蛮生长到博弈时代

　　未来最大的能源不是石油，而是大数据。无论是从全球的大环境而言，还是单讲我国大数据发展的个例，大数据都呈现出爆发性增长的态势。据国际数据资讯公司统计，预计 2020 年全球数据总量将达到 44ZB，中国数据量将达到 8060EB，占全球数据总量的 18%。从金融到医疗，从广告到电商，各行各业对数据的渴求前所未有。

　　与爆发的需求量相对应的是，大数据公司开始野蛮生长。从 Bloomberg Ventures 原常务董事、FirstMark Capital 合伙人 Matt Turck 近年来制作的大数据生态图谱也可以清晰地发现这一变化。

　　在 2014 年，虽然大数据发展速度与现在相比较为缓慢，但是已经开始朝着应用层面发展，Hadoop 成为基础设施方面的关键部分，而 Spark 也开始成为一种补充框架。从当年的大数据生态图谱可以看出，越来越多的企业涌入这一新兴领域。

图 2.3 为我们展现了 2014 年越来越拥挤的大数据行业现状。通过 2017 年产业图谱（图 2.4），不难发现，此时大数据炒作进一步散去，进入部署阶段，更多玩家蜂拥而至，应用更加多样化。同时，这一年也出现了一些不容忽视的新趋势。

（1）前几年还是初创公司的大数据企业，通过短短几年的发展，已经羽翼渐丰，相继上市，出现了不少超级独角兽。同时，对于新涌入的大数据企业，并购活动已经屡见不鲜，并且始终在持续稳步地进行。

图 2.3　2014 年大数据生态图谱

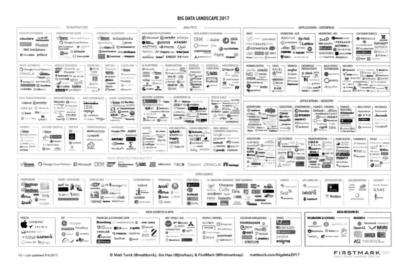

图 2.4 2017 年大数据生态图谱

（2）随着人工智能成为新的风口，人工智能技术（artificial intelligence，AI）驱动的垂直应用越来越多，大数据与 AI 结合越来越紧密，"大数据 +AI"正在成为一种现代应用的技术栈，其中大数据是管道，而 AI 提供智能。

（3）对于云服务而言，"功能性整合"成为一种趋势。国际上知名的云供应商，如 AWS 正在结合当下的发展热点提升云服务，AWS 具有分析框架、实时分析、数据库（NoSQL、图谱等）、商业智能和日益丰富的 AI 能力，几乎囊括了大数据和 AI 方面的所有服务。

（4）数据驱动世界，随之而来的是数据开放与安全的博弈。即便大数据能解决人们生活和发展中的许多问题，但并不意味着个人隐私、企业信息乃至国家安全不需要保护。正好相反，大数据时代更需要保护个人与企业的信息，才能让信息时代的技术最大化地有利于每个个体。

首当其冲的是个人用户隐私问题。在大数据时代，人们在社交平台填入的或多或少的个人信息，通过各种运动设备上传的位置信息和健康情况等，都可以轻松地被服务提供商采集，助其建立高精度的个人信息体系。如最近被曝光的 Facebook 数据泄露门事件。经外媒报道，超过 5000 万的 Facebook 用户信息数据被剑桥分析（Cambridge Analytica）公司泄露，利用算法向用户进行"精准营销"的商业操作，从而影响了 2016 年美国大选结果，在世界范围内引起轩然大波。

再者，对于企业信息安全而言，无论是由于疏忽或者管理不当导致企业数据泄露，还是黑客攻击或病毒木马的故意为之，都必然对企业的安全、品牌、形象产生重大影响，甚至直接决定企业的生死，这对于大数据企业而言，可以说是不小的挑战。同时，对于大数据业务而言，传统的安全防护思路具有一定的局限性，迫切需要更为有效的方法，以做好应对黑客攻击或者内部安全管控。

最后，数据安全远远不只是个人或者企业需要担心的小事，从国家层面来看，同样存在数据安全的隐患。特别是对于信息设施和军事机关等重要机构，数据与信息是否安全直接关系国家的科技、政治、军事、文化、经济等各方面的安全，可以说是关乎国计民生的敏感领域。

从"数据"到"智慧"

在大数据时代，各行各业的数据量呈指数级增长，但这些急剧膨胀的数据绝大部分都是碎片化、非结构化的数据。对于这些数据样本量，如果缺乏有效加工与提炼，其实只是无效信息，不能为决策提供任何有价值的参考。所以，在数据采集、处理与应用过程中，如何将数据提炼为知识，进而将其发展成为智慧，实现去粗取精、去伪取真，成为知悉大数据"道"与"术"的重要一环。

从"数据"到"智慧"并不是一蹴而就的，在探讨其实现过程之前，我们需要明确讨论问题的起点，也是我们真正应该关心的关键概念。比如明确四个概念，即数据（data）、信息（information）、知识（knowledge）、智慧（wisdom），四者共同构成了一个基本模型——DIKW（Data-Information-Knowledge-Wisdom）层次模型（图2.5）。

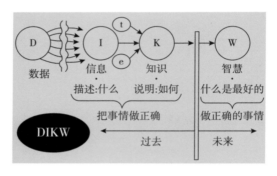

图 2.5　DIKW 模型流程图

数据是对客观事物记录下来的、可识别的符号，包括数字、文字、图形、音频、视频等，是 DIKW 流程的原始素材，为数据处理提供样本；信息是对数据进行处理，建立彼此间的联系，使之具有实际意义，是可利用的数据；知识是对信息及其内在联系进一步加工分析，从中得到所需要的规律性认识，是对信息的应用；智慧是基于已有的知识和高级的综合能力，发现其中的原理并预测客观事物的发展等，是对知识的应用。

举个例子，某班主任获得本班的一份期中考试成绩单，上面记录了每个学生期中考试各科目分数和总成绩，这些单独的成绩数据最开始对于班主任而言，只是一些零散的原始"数据"——分数×××，在经过分析整理后，数据逐渐转变为"信息"——该班级的平均分为 507 分，这时，通过与过往考试成绩的比对分析和年级排名，进一步得出"该班在这次考试中年级排名上升了三名"的"知识"，排除其他影响因素，这一知识提示班主任最近一段时间班级同学的学习状态和学习方法比较好，进而得出"智慧"——延续过往的教学方法，为决策提供参考。

具体而言，可以分为数据转化为信息，数据转化为知识，数据转化为智慧等多个阶段（图 2.6）。

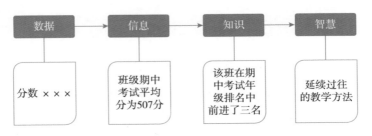

图 2.6 数据—信息—知识—智慧转化流程

数据转化为信息

数据的存在形式可以多种多样，如表格、图像、文本等。在 DIKW 模型中，数据仅代表数据本身，并不包含任何潜在的意义。在医疗行业，如在加拿大多伦多的一家医院，为了更好地分析患者的信息，每秒对早产婴儿进行超过 3000 次的数据读取（包括心率、呼吸、体温、血压等），但如果不对数据进行分析，这些单独的数据本身并没有意义。

然而，在这些数据的基础上，以某种方式进行组织和处理，分析它们之间的关系，数据就有了意义，可以回答"Why（谁）""What（什么）""Where（哪里）""When（何时）"等问题，即演变成了信息。在这家医院，针对早产儿进行数据采集和分析之后，医生即知晓哪些婴儿可能存在问题，并有针对性地采取措施，避免其夭折。

信息转化为知识

知识是信息的集合，它使信息变得有用。知识是对信息的应用，是一个对信息判断和确认的过程，这个过程结合了经验、上下文、诠释和反省。知识可以回答"如何"的问题，可以帮助我们建模和仿真。

知识是从相关信息中过滤、提炼及加工而得到的有用资料。在特殊背景／语境下，知识将数据与信息、信息与信息在行动中的应用之间建立有意义的联系，它体现了信息的本质、原则和经验。

对于知识，我们需要的不仅是简单的积累，还需要理解。理解是一个内推和盖然论的过程，是认知和分析的过程，也是根据已经掌握的信息和知识创造新的知识的过程。同时，知识基于推理和分析，还可能产生新的知识。

基于从早产儿收集的数据，进行相关性分析，从而获得有价值的知识，判断哪些婴儿比较容易出现突发情况。在数据与信息的基础上，综合过去的经验和背景信息（如医生过往的诊断经验，婴儿出生时的状态等）就可以确定早产儿的生命体征等，预估可能出现的状况，提前24小时发现感染迹象，从而采取措施，保障早产儿的健康。

知识转化为智慧

智慧是人类所表现出来的一种独有的能力，主要表现为收集、加工、应用、传播知识的能力，以及对事物发展的前瞻性看法。在知识的基础上，通过经验、阅历、见识的累积，而形成的对事物的深刻认识、远见，体现为一种卓越的判断力。与前几个阶段不同，智慧关注的是未来，试图理解过去未曾理解的东西、过去未做过的事，并且智慧是人类所特有的，是唯一不能用工具实现的。

智慧可以简单地归纳为做正确判断和决定的能力，包括对知识的最佳使用。智慧可以回答"为什么"的问题。

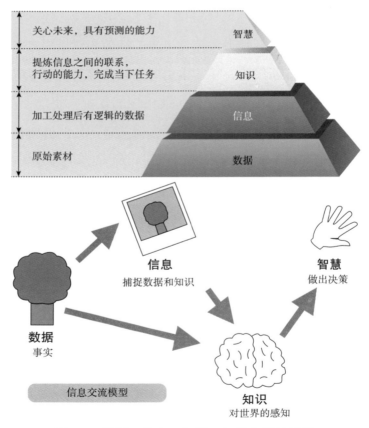

回到前面的例子，收集早产儿数据时只需考虑如何通过传感设备更为精确地获取每个婴儿的信息，但在进行早产儿的监测与护理改进计划等预测性工作时，需要进一步考虑某个区域、某个时间段的整体数据情况，也就是基于数据、信息和知识，形成具有预见性的智慧（图 2.7）。

图 2.7　数据、信息、知识、智慧之间的关系

"博阅"与"深思"

大数据无处不在，它无时无刻不在影响我们的工作、生活和学习，并将继续产生更大的影响。大数据能够变革生产和生活方式：一方面与其广泛来源密不可分；另一方面，随着数据的激增，数据量逐渐累积达到一个临界点，一旦超过这个临界点，隐藏在数据背后的潜在规律与价值就会逐渐显现，能够从数据这一信息载体捕捉到未来发展趋势。在这个过程中，数据需要足够"大"。

对于数据而言，关联才能出价值，分析才能出价值。随着数据的爆发式"增长"，大数据的量级已经不再是难题，而如何在这些"大"数据的基础上完成深度处理和分析成为需要考虑的重要问题。在这个过程中，我们通过"抽取—转换—加载"（extract-transform-load，ETL），实现抽取（extract）、转换（transform）、加载（load）的分析与处理，达到"深思"的效果，进而得出信息，获取知识，并最终转化为智慧。

比如，美国的大众消费超市 Target，曾以 20 多种怀孕期间孕妇可能会购买的商品为基础，获取所有用户的购买记录，并以该数据来源为基础，构建模型分析购买者的行为相关性，从而准确推断孕妇的具体临盆时间。通过 Target 的数据分析可知，准妈妈习惯在怀孕三个月时购买一些无香乳液，而再过几个月，准妈妈需要进一步补充钙、镁、锌等营养元素。在此基础上，Target 销售部门就能针对每个怀孕顾客在不同阶段寄送相应的产品优惠券，从而提升销售率。

再比如，在全球拥有众多门店的阿迪达斯等品牌鞋店，如何快速有效地统筹各门店，准确把握市场动向，实现自身产品与用户需求的匹配，也依赖于大数据。

从宏观上看，一二线城市的消费者更加重视时尚感和品牌，而三四线城市的消费者更加重视实用性。阿迪达斯会基于经销商提供的数据，进行分析与挖掘，进而提供更多有价值的销售建议。比如，告诉某低线市场的经销商，由于当地消费者中意蓝色，这个色系的产品更容易售罄。

现在，阿迪达斯"让数据发声"，可以帮助经销商选择更适合的产品，将符合消费者需求的产品更为精确地投放到相应的区域市场。正是这些基于数据发现的客观事实，帮助阿迪达斯为经销商制定更为契合的销售策略，在推动产品热卖、提高售罄率的同时，避免库存过多等问题的发生。

赋大数据以大智慧

大数据的价值已毋庸置疑，而我们需要讨论的则是如何更好地发挥大数据的效力。目前而言，在这一方面仍然面临诸多问题。

一是科学基础的挑战。对大数据而言，分析才能出价值，关联才能出价值。不同于传统统计学选择抽象数据为分析对象，大数据处理应对的是自然数据，极限分布不稳定，且使用传统的抽样机制不太适用。因此，就大数据的科学基础而言，必须再重建基础，建立数据科学的基础理论体系。按照维克托·迈尔-舍恩伯格的理解，可以将其看作思维方式的三种变化：①要分析与某事物相关的所有数据，而不是依靠分析少量的数据样本。②我们乐于接受数据的纷繁复杂，而不再追求精确性。③我们的思想发生了转变，不再探求难以捉摸的因果关系，转而关注事物的相关关系。

二是计算技术的挑战。在科学基础之外，大数据应用同时依赖于核心技术的变革，比如存储的计算架构、查询与处理的计算模式，以及各种计算、分析和挖掘的程序语言和算法等，这些都必须进行相应的革新。

三是真伪性判定的挑战。大数据产生大价值，但在实际应用中，难以保证每一"大价值"都是正确的，无论是数据来源，还是决策方法，如果使用不当，难免让大数据变成"大忽悠"。所以，真伪性判定仍然是我们面临的一个大挑战。

为此，在大数据的处理与应用过程中，亟须赋予大数据"大智慧"。除奠定适用的科学基础，更新相应的计算技术并在真伪性上把好关之外，人工智能也不可忽视。智能不是无源之水、无本之木，人工智能如果希望让机器获取智能，同样必须基于海量的数据基石，进行不断的训练和学习，从而形成智慧。在一定意义上可以说大数据是实现人工智能的支撑，而人工智能是大数据应用的目标。

举例来说，数据挖掘是 AI 处理数据的典型应用。数据挖掘（data mining，DM）起源于数据库中的知识发现（knowledge discovery in database，KDD），可以将其简单地理解为从大量数据中通过算法搜索隐藏于其中的信息的过程。

其实，在人工智能出现之前，数据处理主要由数据采集、数据转换、数据分组、数据排序、数据计算、数据存储、数据传输、数据检索等部分组成，从大量的、杂乱无章的，甚至是难以理解的数据中抽取并推导出对于某些特定的人群来说是有价值、有意义的数据，往往费时费力。

在 AI 时代，应用人工智能技术，在强大的计算力、高效的算法和足够大量的训练数据三大关键点的支撑之下，能够大幅减少人力、物力消耗，快速高效地完成数据处理工作。比如，对于无人驾驶汽车而言，其自身配备的 GPS、RFID、传感器等成为汽车的"眼睛"和"耳朵"，可以对车辆所有工作情况和静、动态信息进行采集、存储并发送。每当收集到行驶中的障碍物等信号数据时，应用 AI 技术，经过"大脑"处理后发出指令，即能指挥汽车沿着道路准确行驶。从数据采集、计算、分析直至最后的结果输出，不过短短几秒时间，且全程无人参与。

AI 之所以拥有智慧，其核心在于在"喂养"海量数据的基础上进行机器学习和深度学习。同时，拥有的数据越多，神经网络就变得越有效率，也就是说随着数据量的增长，机器语言可以解决的问题的数量也在增长。例如，来自马萨诸塞州总医院和哈佛医学院放射科的研究人员使用卷积神经网络来识别 CT 图像，基于训练数据大小来评估神经网络的准确性。随着训练规模的增大，精度将被提高。

大数据与人工智能相辅相成，在对海量数据进行分析处理的基础上，AI 变得越来越"聪明"，反过来，充满智慧的 AI 又能对数据进行深度分析与处理，得出更有价值和更为准确的结论，为管理决策等提供参考，使大数据具有大智慧。

基于此，我国早早明确了两者的关系，注重构筑我国人工智能先发优势，《新一代人工智能发展规划》将"大数据智能"作为规划部署的五个重要方向之一。大数据智能应用"大数据 + 人工智能"的方法论，以人工智能手段对大数据进行深入分析，探析其隐含模式和规律的智能形态，实现从大数据到知识，进而决策智慧的理论方法和支撑技术，并建立通用的人工智能模型，使大数据智能释放出"智能红利"。

第三章
大数据处理系统

　　大数据正带来一场信息社会的变革，大量结构化数据和非结构化数据的广泛应用，使人们需要重新思考已有的 IT 模式。与此同时，大数据正在推动进行又一次基于信息革命的业务转型，使社会能够借助大数据获取更多的社会效益和发展机会。因此，大数据处理的相关技术也受到社会各界的极大关注。

　　本章从大数据处理的发展历史入手，系统地向读者介绍大数据处理的基本概念，同时针对不同的数据处理环境，对当前的大数据处理模式进行剖析，并从技术角度出发，详解阐述 Hadoop 和 Spark 等典型的大数据处理系统体系结构，一步步引导读者了解大数据存储，了解大数据处理的过程，通过具体实例了解大数据处理在各行业的应用。

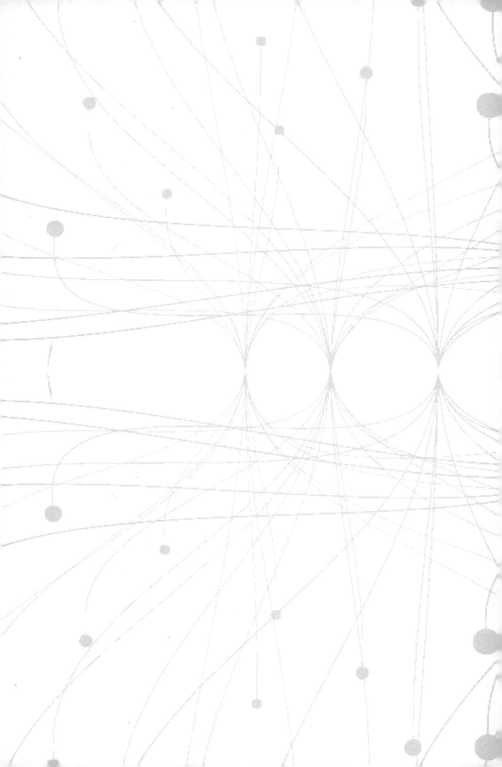

大数据处理基本概念

说起大数据处理，一切都起源于谷歌公司的经典论文：*MapReduce: Simplied Data Processing on Large Clusters*。在当时，由于网页数量急剧增加，谷歌公司内部平时要编写很多的程序来处理大量的原始数据，如爬虫扒取的网页数据、网页请求日志数据、各种类型的派生数据等。这些计算在概念上很容易理解，但由于输入的数据量很大，单机是不可能完成处理的，所以，需要采用分布式的方式完成计算，并且需要在此过程中考虑如何进行并行计算、分配数据和处理失败等问题。

针对这些复杂的问题，谷歌公司设计了 MapReduce

计算框架来实现大规模并行计算，MapReduce 对大数据处理的最大贡献在于这个计算框架可以运行在一群廉价的服务器上，它改变了大众对于大数据计算的理解，将大数据计算由集中式计算过渡至分布式计算。以前我们想对更多的数据进行计算就必须要建造性能更好、更快的计算机，而现在只需要添加服务器节点即可。自此，大数据处理的历史大幕也正式拉开。

大数据里面的数据大体上分为两种类型：一种叫结构化数据，另一种叫非结构化数据。结构化数据是有固定格式和有限长度的数据，如国籍、民族、姓名、性别、表格里的数据等。非结构化数据量比较大，没有固定格式和长度，如视频数据、语音数据等。单纯看这些数据本身是没有用的，必须要经过一定的处理，从十分杂乱的数据中梳理和清洗关键信息，通常这些信息会包含很多规律，我们需要从信息中将规律总结出来形成"知识"，这才是数据的价值所在。

例如，谷歌通过分析 5000 万条美国人频繁检索的词汇，将之与美国疾病中心在 2003—2008 年季节性流感传播时期的数据进行比较，建立了一个特定的数学模型，最终谷歌成功预测了 2009 年冬季流感的传播，甚至可以具体到特定的地区和州。再如，阿里小贷通过对贷款客户下游订单、上游供应商、经营信用等全方位的评估，就可以在没有见面的情况下给客户放款。其数据来源于大型的数据共享平台，它通过共享阿里巴巴旗下各子公司的数据资源来创造商业价值，大数据团队把淘宝交易流程各环节的数据整合互联，然后基于商业理解对信息进行分类储存和分析加工，并与决策行为一起分析挖掘后得出结果。

由此可见，上述的两个案例中都涉及海量的数据，想要从这些海量的数据中提取重要的信息，实现大数据的价值，没有足够的运算资源支撑是不现实的。那么，面对海量的数据该如何处理呢？说到这里，大家应该想起云计算了吧。

在中国大数据专家委员会成立大会上，委员会主任怀进鹏院士用了一个公式描述了大数据与云计算的联系：$G=f(x)$。x是大数据，f是云计算，G是我们的目标。也就是说，云计算是处理大数据的手段，大数据与云计算是一枚硬币的正反面。简单地说，就是大数据是需求，云计算是手段；没有大数据，就不需要云计算；没有云计算，就无法处理大数据。

大数据处理过程

　　庞大的数据需要我们进行剥离、整理、归类、建模、分析等操作，通过这些操作后，我们开始建立数据分析的维度：对不同的维度数据进行分析，最终得到想要的数据和信息。大数据处理技术就是从各种类型的数据中快速获得有价值信息的技术，其处理的过程一般包括：大数据采集、大数据预处理、大数据存储与管理、大数据分析与挖掘、大数据展现与应用等。

　　大数据采集

　　大数据处理首先得有数据，常用的数据的采集方式主要有以下三种。

　　（1）数据抓取：通过程序从现有的网络资源中提取相关信息，录入数据库中。大体上可以分为网址抓取和内容抓取：网址抓取是通过网址抓取规则的设定，快速抓取到所需的网址信息；内容抓取是通过分析网页源代码，设定内容抓取规则，精准抓取到网页中散乱分布的内容数据，能在多级、多页等复杂页面中完成内容抓取。

（2）数据导入：将指定的数据源导入数据库中，通常支持的数据源包括数据库（如 SQL Server、Oracle、MySQL、Access 等）、数据库文件、Excel 表格、XML 文档、文本文件等。

（3）物联网传感设备自动信息采集：物联网传感设备从功能上来说是由电源模块、采集模块和通信模块组成的。传感器将收集到的电信号，通过线材传输给主控板，主控板进行信号解析、算法分析和数据量化后，将数据通过无线通信方式（GPRS）进行传输。

大数据预处理

现实世界中数据大体上都是不完整、不一致的"脏"数据，无法直接进行数据挖掘，或挖掘结果差强人意，为了提高数据挖掘的质量，产生了数据预处理技术。数据预处理有多种方法，包括数据清理、数据集成、数据变换、数据归约等，主要是用来完成对已采集数据的抽取、清洗等操作，大大提高了数据挖掘的质量，降低了数据挖掘所需要的时间。

（1）抽取：因获取的数据可能具有多种结构和类型，

数据抽取过程可以帮助我们将这些复杂的数据转化为单一的或者便于处理的结构和类型，以达到快速分析处理的目的。

（2）清洗：对于大数据，并不全是有价值的，有些数据并不是我们所关心的内容，而另一些数据则是完全错误的干扰项，因此要对数据进行过滤从而提取出有效数据。

大数据存储及管理

大数据存储及管理就是将采集到的数据存储起来，建立相应的数据库，并进行管理和调用。

现如今，数据的不断增长仅靠单机系统已难以应对，而且面对日益增加的数据，如何做好大数据存储是大数据技术的核心问题，即使不断提升硬件设备的配置也难以跟上数据增长的速度。所幸目前主流的计算机服务器比较便宜并且具有优秀的扩展性，现在购置 8 台 8 核心处理器、128GB 内存的服务器远比购置 1 台 64 核心处理器、太字节级别内存的服务器划算得多，而且还可以通过增加或减少服务器来应对将来数据存储量的压力，这种分布式架构策略对于海量数据的存储来说是比较适合的。目前，常见的大数据存储技术包括以 NoSQL 数据库为代表的分布式数据库系统、以 Hadoop 分布式文件系统 HDFS 为代表的分布式文件系统和基于 DRAM 的内存数据管理技术。

大数据分析与挖掘

采集进来的数据是原始数据，原始数据多是杂乱无章的，有很多垃圾数据在里面，因而需要进行数据预处理，得到一些高质量的数据用来存储。对于高质量的数据，就可以进行数据分析，从而对数据进行分类或者发现数据之间的相互联系，得到有价值的信息。比如，沃尔玛超市的啤酒和尿布的故事，就是通过对人们的购买数据进行分析，发现了男人一般买尿布的时候会同时购买啤酒，这样就得出啤酒和尿布之间的相互联系，将数据分析的效果应用于实践，获得了回报。

说到数据挖掘，就不得不提数据检索，所谓的检索就是搜索，两大搜索引擎谷歌和百度都是将分析后的数据放入搜索引擎，因此用户想寻找信息的时候，搜索一下就有了。不过仅仅搜索出来已经不能满足用户的需求了，还需要从信息中挖掘相互的关系。比如，股票证券搜索，当搜索某个公司股票的时候，该公司的高管信息是不是也应该被挖掘出来呢？如果仅仅搜索出这个公司的股票上涨，广大股民购入，然而其高管出现了负面新闻，造成股票下跌，这不是坑害广大股民吗？所以，通过各种算法挖掘数据中的关系并形成知识库是十分重要的。

大数据展现与应用

大数据处理技术能够将隐藏于海量数据中的信息和知识挖掘出来，为人们的社会经济活动提供依据，从而提高各个领域的运行效率，大大提高整个社会经济的集约化程度。我国在大数据展现与应用方面位于世界前列，特别是在商业智能、政府决策、公共服务领域。例如，基于大数据的互联网金融和信用体系产品的迅速普及、基于大数据的智慧交通管理与应用、在智慧物流中通过为货主和司机提供实时信息数据匹配降本增效成果等。与此同时，随着国家大数据战略配套政策措施的制定和实施，我国大数据产业的发展环境正在不断优化，大数据的新业态、新业务、新服务将迎来爆发式增长，产业链也将进一步成熟和扩展。

大数据处理模式

实际上，大数据的处理方式与传统的数据处理方式之间的差异并不是很大。主要区别在于：大数据要处理大量的、非结构化的数据，所以在各处理环节中都可以采用并行处理。按照对所处理的数据形式和得到结果的时效性分类，大数据处理模型可以分为：关系模型、图模型、流式模型和并行分解模型。

关系模型

关系模型指关系数据库通过关系去查询，即通过建立关键词的索引关系，最终找到设定目标。比如，在获知某个人身份证号的前提下，可以通过人口数据库，通过身份证号快速关联查找到这个人的住址。同时，通过身份证号还可以查找其在各地购买机票或者预订酒店的订单，即典型的关系模型。传统数据库都是关系模型。

正因为关系数据库具有很强的索引关系，所以在查找时，根据关键词索引就能很快找到，不需要把每个数字都查找一遍，因而查找速度快。比如，查找身份证号时，关系数据库将其进行了排序，如果查 10 次的话，能够找到 2^{10} 人，即 10 亿人，通过对半查找的方式，能够快速得出查找结果。换言之，如果查找全国人民（约 13 亿人）的身份证号，查找 11 次就能查到。因为只做排序，所以搜索起来很快，这就是关系数据库的好处。但是由于这个模型很严格，所以必须要求数据规整，对结构化有较高要求，数据必须经过严格组织，这则是关系数据模型的缺点。

目前，很多数据都是非结构化的，比如，因为互联网是非结构化的，在各种网页上，很多信息都是非结构化的或是半结构化的，数据参差不齐，要对其处理就比较难。其中，视频数据就是典型的非结构化数据，它没有结构，均为影像，对这些数据的处理前提是将它们变成结构化数据。

对于这部分数据，首先需要对视频进行识别，识别具体人脸身份，通过身份证号代表其在某个时间点出现在某个地方，从而把非结构的数据转化为结构化数据。在城市级别视频应用过程中，常常是视频在录制的过程中就进行索引，在录制的过程中同时开展结构化工作，并在此后通过身份证号索引目标人物，下次查找时就能轻松找出这个人出现的原始视频。

图模型

在生活中，当我们需要表达客观事务间的相互关系，特别是多个事物之间错综复杂的相互关系时，通过语言描述往往不尽如人意，有时甚至越描述越复杂，而这时通过一张关系图，就能清晰表达彼此之间的关系。数据关系亦是如此，可以以"图论"为基础，对数据做"图"结构的抽象表达，图计算应运而生（图3.1）。图计算以图或网络的形式呈现，如社交网络、传染病传播途径、道路交通流量等，通过直观明了的图像表达，清晰传达客观事物之间的关系。

图 3.1　图计算的应用领域

　　简而言之，图计算技术是刻画、计算与分析事物之间关系的一门技术，图是由有属性的顶点（vetex）和有属性的边（edge）组成的数据结构。具体而言，其基于人工智能三大能力——理解（understand）能力、推理（reason）能力和学习（learn）能力，即 URL 而运作。

　　对于理解能力而言，通过图计算技术，可以完整表述事物之间的相互关系；对于推理而言，有时候事物之间的相互关系并不明显，但通过图谱就能很快推导出来；对于学习能力而言，在动态性、高关联的数据世界中，通过运用图计算，能够对客观事物进行总结、演绎和描述，从而抽象和升华，进而学习提升。

在现实应用中，图计算往往用于表述三个方面的关系：①人与人的关系；②人与行为的关系；③人与物的关系。以下主要从社交网络分析、行为预测分析和产品推荐应用等具体阐述以上三种关系。

在分析之前，引入一个具有代表性的图数据库——Neo4j。Neo4j充分存储节点（目标对象）、节点的属性和节点的关系。比如，小红同学可以算作一个节点，而她喜欢红色可以看作属性，她与小花是好朋友则是节点之间的关系。通过节点能够挖掘彼此的关系，因此即使是查询复杂关系，只需增加节点，就能够实现快速查询。

在社交网络分析中，针对某个人的社交关系，可以通过Neo4j确立一度关系（直接关系）、二度关系等，并标明亲密程度，最终确立一个好友圈子（图3.2）。这是图计算在社交网络分析中的重要应用，根据已经建立起来的社交图，不仅可以一目了然确定其中两个人的关系，同时还可相应地进行好友推荐。

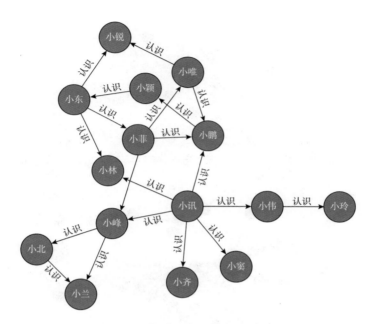

图 3.2　通过 Neo4j 建立好友圈

对于行为分析而言，反欺诈成为图模型的重要应用。具体来说，可以根据用户特征，按照一定规则识别欺诈团体。图 3.3 表现的就是一个典型的欺诈团队图谱，在启动调查和验证的过程中，蓝色为被拒绝的用户，黑色是接受但是有逾期表现的用户，红色是通过且表现良好的用户。可以看见蓝色占据绝大部分，同时通过的用户中绝大部分又存在逾期行为，进一步验证了其欺诈性质。

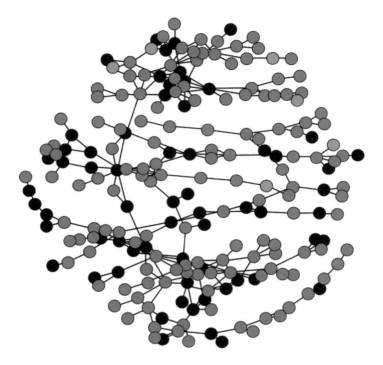

图 3.3　欺诈团队图谱

　　另外，对于人与物的关系，相似推荐则是典型例子。当用户在网上浏览或购买某样商品时，我们就可以据此建立用户对不同物品的评分图谱，并对相似度高的类似高分物品进行预测并推荐给用户。比如，目标用户今天网购了某品牌的洗发水，那么就可以为其推荐相应品牌的洗护用品，这是图计算的应用之一，同时也是大数据中协同过滤思想的具体体现。

流式模型

流式处理犹如工厂生产流水线的操作流程，源源不断地供应原料，经过环环紧扣的加工环节，最终确定成品。在流式计算中，原料即数据，每个处理部件都可以看作一个处理单元，其最大的优点在于并行化很强，最大的问题在于任何一个环节出现问题，都会影响后面的工作。

流式处理的基本理念是数据的价值会随着时间的流逝而不断减少，因此流式处理模式总是尽可能快速地分析最新的数据，并给出分析结果，也就是尽可能实现实时计算。数据的实时计算是一个很有挑战性的工作，数据流本身具有持续达到、速度快且规模巨大等特点，因此通常不会对所有的数据进行永久化存储，而且数据环境处在不断变化之中，系统很难准确掌握整个数据的全貌。由于响应时间的要求，流式处理的过程基本在内存中完成，内存容量是流式处理的一个主要瓶颈。

流式处理模式适合于那种对实时性要求很严格，数据无须先存储，可以直接进行数据计算的场景，在流式处理中，对数据的精确度要求往往比较宽松。流式处理模式的应用场景较多，已经渗透到互联网、物联网，并且在诸多领域有广泛的应用。这里列举三个典型的应用。

（1）实时个性化推荐系统。实时个性化推荐系统可以通过流式处理来实时分析用户产生的数据，更准确地为用户推荐。与此同时，还可以根据实时推荐结果进行反馈，改进推荐模型，提升系统性能。实时个性化推荐系统应用非常广泛，除了我们熟悉的电子商务领域，还包括新闻个性化推荐、音乐个性化推荐等。

（2）商业智能。企业内部存在各种各样的数据，如库存数据、销售数据、交易数据、客户数据、移动端数据等，业务人员往往希望高效管理大量数据，得到正确而完整的信息，以及面对问题实时获取答案，流式处理正是解决这些问题的最好方式。通过计算可以实时掌握企业内部各系统的实时数据，实现对全局状态的监控和优化，并提供商业决策支持。商业智能的应用在银行、电信公司、证券公司等交易密集型企业尤其广泛。

（3）实时监控。监控应用一般和物联网关联，各类传感器实时地、高速地传递监控数据，通过流式处理可实时地分析、挖掘和展示监控数据。例如，在交通监控中，每个城市的交通监管部门每天都要产生海量的视频数据，这些视频数据以流的形式源源不断地输入系统中。再如，在自动化运维过程中，流式系统对于运维数据进行实时处理，并产生预警。

并行分解模型

由前所述可知，由于某些数据多为半结构化或非结构化的，不便于建立严格的关系模型，或者虽然已经建立了关系模型，但因为数据量太大了，需要把任务并行分解掉，通过大量机器去处理。这时，MapReduce就挑起重担，把任务分解成多个子任务并分别处理后再进行汇总。

分布式处理好比项目负责人为多个部门分配任务，部门1做任务A，部门2做任务B，部门3做任务C……多个部门同时完成多个任务，然后对每个部门的工作成果进行汇总与再加工，最终得出结果。MapReduce就是典型的并行分解模型。

比如，现在需要查找某人的具体位置，我们可以把每个区的数据库分别查找一遍，最后将其进行汇总。这是并行分布式处理的最基本思想，其中Map将任务分解到不同机器上去处理，将任务分解成为子任务，其后Reduce再将大家处理后的结果汇总起来。

MapReduce是一种处理海量数据的并行编程模式，用于大规模数据集的并行运算，MapReduce有函数式和矢量编程语言的共性，使得这种编程模式特别适合于非结构化和结构化的海量数据的搜索、挖掘、分析与机器智能学习等。

据相关统计，每使用一次谷歌搜索引擎，谷歌的后台服务器就要进行 10^{11} 次运算，这么庞大的运算量，如果没有好的负载均衡机制，有些服务器的利用率会很低，有些则会负荷太重，有些甚至可能死机，这些都会影响系统对用户的服务质量。而使用 MapReduce 这种编程模式，就保持了服务器之间的均衡，提高了整体效率。其核心设计思想在于两点：一是将问题分而治之；二是有效避免数据传输过程中产生的大量通信开销。同时，MapReduce 模型简单，且现实中很多问题都可用 MapReduce 模型来表示，如建立搜索引擎、网页数据挖掘、日志数据处理等。

典型的大数据处理系统

数据无处不在，并逐渐成为我们做决定的依据：在淘宝上筛选购物是数据，HR 确认合适人选需要求职者数据，以更低的成本开采石油需要分析地质信息数据……对此，也许会有人提出，通过算法分析就能轻松得到我们想要的结果。诚然，算法可以帮助解决诸多问题，但是随着数据的爆炸式增长，希望在一台机器上通过算法找出规律已经越发困难。为此，分布式计算框架 Hadoop 应运而生。

在一台机器上难以解决海量的数据需求。由 Apache 基金会开发的分布式系统基础架构 Hadoop 能够针对同一问题，将处理任务分布到多台机器上，进行任务的分工与同时处理，最终共同得出一个答案，具有高效性与高容错性等多种优势。

Hadoop

怎样理解 Hadoop

大家每天在百度上搜索的关键词数不胜数，如果我们想要知晓某个关键词在一定时间段在百度的搜索次数，如何通过 Hadoop 来实现呢？首先需要明确，对于这些数量庞大的关键词，百度不可能都存放在内存里，而是存放在多台服务器上。为了方便解释，我们将这些机器进行编号：$1，2，3，\cdots，n$。

如果现在我们需要在机器 1 上统计"荷花""字

典""啤酒"这几个关键词出现的次数，那么如图 3.4 所示，可以对大家检索时输入的"字典、河流、天气""电话、日历、啤酒""字典、荷花、天气"等关键词进行映射、排序与化简，最终提取出各个关键词的数量（为了方便统计，这里假设仅仅搜索了 3 组关键词）。

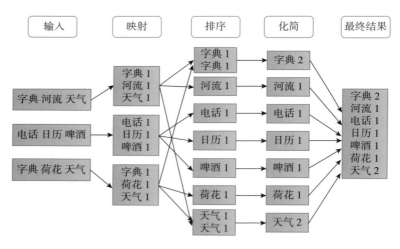

图 3.4　以 Hadoop 统计关键词

以上只是一台机器上的数据，那怎样才能统计出所有机器上各个关键词的搜索次数呢？这时候可以再找一组机器，将其称为 a，b，c，…，n。我们可以让机器 a 统计所有机器上搜索出现的"荷花"这一关键词，而机器 b 则负责统计"字典"这一关键词，机器 c 负责统计"啤酒"这一关键词。以此类推，最终统计出所有机器上不同关键词出现的次数。在这个过程中，机器 a，b，c，…，n 需要相互沟通与合作，既不能几台机器同时搜索一个关键词，也不能存在某些关键词没有机器搜索的情况。

2008 年 1 月，Hadoop 成为 Apache 顶级项目，通过这次机会 Hadoop 成功地被雅虎之外的很多公司应用，如 Last.fm、Facebook 和《纽约时报》。Hadoop 能够在大数据处理应用中广泛应用得益于其自身在数据提取、变形和加载（ETL）方面的天然优势。

Hadoop 体系结构

整个 Hadoop 生态圈包含了很多分布式组件（图 3.5），仅常用的分布式组件就有 19 种，从而让 Hadoop 支持了更多功能，构成了大数据处理系统。但是，Hadoop 本身只包括分布式文件系统 HDFS、分布式资源管理器 YARN 和分布式并行处理 MapReduce。

为了便于理解，我们可以做类比分析。一个 Hadoop 可看作由 HDFS、YARN、MapReduce 三个桩支撑（图 3.6）。其中，HDFS 作为数据处理系统的基础，可以将其认为是 Hadoop 的数据存储中心，也就相当于电脑的 C 盘、D 盘等；YARN 负责资源的管理与调度，可看作为电脑装上了操作系统，装上后就可以自如地运行各种应用程序；MapReduce 作为一种编程模型，定义了数据处理操作，相当于为电脑装上了软件开发程序，大大方便了编程人员在不会分布式并行编程的情况下，将自己的程序运行在分布式系统上。

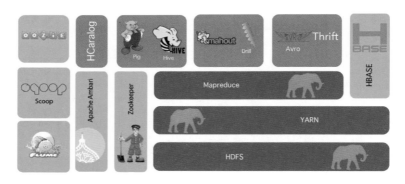

图 3.5　Hadoop 体系结构图

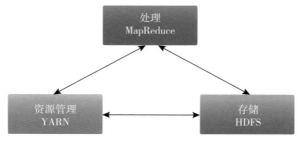

图 3.6　一个 Hadoop 三个"桩"

从功能上看，Hadoop 不可能做完所有事情，它其实是一个分布式基础框架，提供分布式环境下最基础核心的功能——分布式存储和分布式资源管理，显然其他组件都是在 Hadoop 外层开发的实用组件。不过，由于分布式数据库 Hbase 和分布式锁服务 ZooKeeper 的功能非常重要，一般我们也将这两个组件划为 Hadoop 核心组件。

Hadoop 应用领域

Hadoop 在各行业、各场景下的应用成效已被大家所熟知，这里我们从构建大型分布式集群、数据仓库、数据挖掘等实际应用领域进行介绍。

（1）构建大型分布式集群。Hadoop 最直接的应用就是构建大型分布式集群，提供海量存储和计算服务，像国内的中国移动"大云"、淘宝"云梯"等，都已是大型甚至超大型分布式集群。

（2）数据仓库。很多公司的 log 日志文件、其他半结构化业务数据并不适合存入关系型数据库，但却特别适合存入半结构化的 HDFS 中，然后应用其他工具（如数据仓库工具 Hive、分布式数据库 Hbase）提供报表查询之类的服务。

（3）数据挖掘。大数据环境下的数据挖掘其实并没有太大改变，但大数据却给数据挖掘的预处理工具出了难题，受限于硬盘性能和内存大小，普通服务器读取 1TB 数据至少需要 20 分钟，但 Hadoop 却能以几何级的速度增长提升每台服务器的读取和处理时间。

Spark

前面介绍了 Hadoop，下面我们来介绍下 Spark，这两种框架常被业内人士拿来作比较。

为什么需要 Spark

在数据处理环节，我们此前已经提到了分布式计算框架 MapReduce。MapReduce 以 Map 进行任务分工，然后再通过 Reduce 进行汇整，输出我们需要的结果。虽然能够达到预期效果，但是 MapReduce 作为批处理引擎，喜欢把事情分成一个个环节，按照顺序步骤进行处理，每个环节的结果都需要写到磁盘上，下一个环节再把结果拿出来使用，效率难免会受到影响。

对此，MapReduce 的"堂兄弟"——分布式内存计算框架 Spark 可以说完全优于 MapReduce。2009 年，美国加州大学伯克利分校 AMPLab 实验室交付第一个 Spark 版本，自此开始 Spark 迅速攻占大数据处理框架市场，目前已经成为 Apache 软件基金会旗下的顶级开源项目，其生态系统也日趋完善，在数据分析领域已处于绝对的领导地位。

虽然同为数据处理，但 Spark 比 MapReduce 相对灵活一些，它会将需要处理的任务进行事前评估，做好策略，通过有向无环图（DAG）完成。在这个过程中，不需要进行磁盘读写，各项分解任务可以同时做，也可以逐一做，速度自然得到了大幅提升。就速度而言，Spark 的批处理速度比 MapReduce 快 10 倍。不过由于数据都存放在内存里，Spark 对于内存也有着较高的要求。

同时，就容错性（可以理解为从错误中迅速恢复的能力）而言，Spark 使用弹性分布式数据集（RDD），它们是容错集合，某一部分丢失或者出错，能够迅速实现重建；而对于 MapReduce 而言，就只能重新计算了。在安全机制方面，MapReduce 作为老大哥，综合了 Hadoop 支持的安全机制和 Hadoop 的其他安全项目，优于 Spark。

在编程语言方面，Spark 支持 Scala、Java、Python 和 R 语言等开发程序，允许开发者在自己熟悉的语言环境下进行工作。同时 Spark 应用程序的代码规模比 Hadoop 大幅减少，程序开发工作量小、代码可读性和可维护性好，更易于编程，而 MapReduce 不易编程，但是可以借助其他工具。

在兼容性（简单理解为几个对象是否可以共事）上两者旗鼓相当，Spark 与 MapReduce 不仅可以与 YARN 共事，还能通过 JDBC 和 ODC 与其他数据、文件和工具相互兼容，两者在兼容性方面都很优秀。就扩展方面，两者都可以使用 HDFS 来扩展。通过对比可知，Spark 生态丰富、功能强大、适用范围广，而 MapReduce 更简单、稳定性好。

总之，Spark 作为一个开源的、基于内存计算的、运行在分布式集群上的、快速和通用的大数据并行计算框架，提高了在大数据环境下数据处理的实时性，同时保证了高容错性和高可伸缩性，允许用户将 Spark 部署在大量廉价硬件集群之上，以提供高性价比的大数据计算解决方案。

Spark 分布式计算流程

具体而言，在分布式情况下，Spark 怎样集结资源、群策群力地解决问题呢？在这个过程中，需要明确任务来自哪儿，任务怎么分配，以及任务执行与结果反馈等。如图 3.7 所示，任务主要来自 Driver 驱动程序，即首先由 Driver 提出处理需求，相当于在广告策划中，首先由甲方提出广告需求。

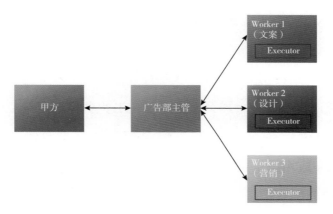

图 3.7 Spark 分布式计算流程

明确具体任务后，广告部主管将通过 YARN 来进行任务分配与执行监控，包括资源配置与算法选择，而具体执行则交由一个个 Worker 完成，由它们分摊出磁盘、内存、网络等资源来处理任务。进入这个环节，就好比进入了广告具体的撰写阶段，由广告部主管分工安排，设计师、文案等一个个的 Worker 承担不同任务分工。

正如在广告策划中，设计工作又会进行进一步分工，交由不同的同事共同分工协作完成，在具体执行分布式任务的过程中，Worker 也会充分调配人马，建立 Executor 进一步细化任务，能并行运作的就并行，不行的就串行。同时，对于 Executor 的执行结果，将统一由 Worker 回馈给 YARN 和 Driver，完成整个流程。

Spark 应用案例

随着企业数据量的增长，对大数据的处理和分析已经成为企业的迫切需求。在此背景下，Spark 引起学术界和工业界的普遍兴趣，大量应用在工业界落地，许多科研院校开始了对 Spark 的研究。下面将选取具有代表性的 Spark 应用案例进行分析，以便于读者了解 Spark 在工业界的应用状况。

腾讯社交广告（原名广点通）是最早使用 Spark 的应用之一。腾讯公司的大数据精准推荐借助 Spark 快速迭代的优势，围绕"数据 + 算法 + 系统"这套技术方案，实现了在"数据实时采集、算法实时训练、系统实时预测"的全流程实时并行高维算法，最终成功应用于广点通 pCTR 投放系统上，支持每天上百亿的请求量。

阿里公司的搜索和广告业务，最初使用 Mahout 或者自己写的 MR 来解决复杂的机器学习，效率低且代码不易维护。后来，淘宝技术团队使用了 Spark 来解决多次迭代的机器学习算法、高计算复杂度的算法等，将 Spark 运用于淘宝的推荐相关算法上，同时还利用 Graphx 解决了许多生产问题。

优酷土豆在使用 Hadoop 集群时的突出问题包括：①商业智能方面，包括如何更快地做出用户画像，实现精准营销，实现精准的广告推荐等；②大数据计算量非常大的同时对效率要求也比较高；③机器学习和图计算的迭代运算需要耗费大量资源且速度很慢。通过对比，发现 Spark 性能比 MapReduce 提升很多：交互查询响应快，性能比 Hadoop 提高若干倍；模拟广告投放计算效率高、延迟小；机器学习、图计算等迭代计算，大大减少了网络传输、数据落地等，极大地提高了计算性能。目前，Spark 已经广泛使用在优酷土豆的视频推荐、广告业务中。

大数据存储

数据作为"大数据时代"的"石油"，是一种海量的资产，需要妥善存储与保管。如果缺少可靠的存储支撑，数据就成了无本之木，难以进行后续的挖掘分析。在数据存储应用中，根据不同的场景，涉及多种数据存储方法与介质的选择。

大数据需要大存储

大数据的数据量异常大，不是几块太字节级硬盘就可以容纳的，而且其数据增加速度呈现爆发式的增长，传统的存储架构已经无法解决如此大数据量的存储落地需求，因此需要了解如何满足大数据的存储需求。

在云计算出现之前，数据存储的成本是非常高的。例如，公司要建设网站，需要购置和部署服务器，安排技术人员维护服务器，保证数据存储的安全性和数据传输的畅通性，还要定期清理数据，腾出空间以便存储新的数据，机房整体的人力和管理成本都很高。

云计算出现后，数据存储服务衍生出了新的商业模式，数据中心的出现降低了公司的计算和存储成本。例如，公司现在要建设网站，不需要购买服务器，不需要雇技术人员维护服务器，可以通过租用硬件设备的方式解决问题。存储成本的下降，也改变了大家对数据的看法，更加愿意把一年、两年甚至更久远的历史数据保存下来，有了历史数据的沉淀，才可以通过对比，发现数据之间的关联和价值。正是由于云计算的出现降低了数据存储成本，才能为大数据存储提供最好的基础设施。

拍字节级大数据存储

在传统的数据存储时代，小数据采用小型机，大数据采用大型机，存储规模与机器规模成正比。而如今不断暴增的海量数据增长率远远超过了人们的预期，若再以传统规模的服务器进行存储，远不能满足需求。

云计算的基本原理是使计算分布在大量的分布式计算机上，而非本地计算机或远程服务器中，使得企业能够将资源切换到需要的应用上，根据需求访问计算机和存储系统。当云计算系统集中运算和处理大数据时，云计算系统就需要配置大量的存储设备，那么云计算系统就转变成为一个存储系统，"云存储"这一新兴概念由此被引申出来。

早在 2008 年，EMC 公司中国研发中心首席架构师任宇翔就提出了"云存储的起点就应该是拍字节级。"的观点。2012 年，中国云计算进入实践元年，解决方案和技术架构层出不穷，作为存储服务所能提供的首要考虑因素，存储厂商也纷纷推动云存储的容量向更大规模拓展。

面对拍字节级的海量存储需求，传统的 SAN 或 NAS 在容量和性能的扩展上会存在瓶颈，而基于云计算的新兴集群存储，无论在成本和性能方面都具有传统网络存储不可比拟的优势，成为追求高性价比客户的新宠。与使用专用服务器相比，云创推出的 A8000 超低功耗云存储系统单机柜可搭载总存储容量高达 3.8PB，单存储节点峰值功耗低于 0.15kW，比传统云存储产品节能 3 倍，可将存储系统建设成本节省 5～10 倍。存储规模越大，优势越明显，完全规避了传统存储的性能瓶颈。

行存储和列存储

当今的数据处理大致可分为两大类：联机事务处理 OLTP 和联机分析处理 OLAP。OLTP 是传统关系型数据库的主要应用，用来执行一些基本的、日常的事务处理，比如数据库记录的增、删、改、查等。而 OLAP 则是分布式数据库的主要应用，它对实时性要求不高，但处理的数据量大，通常应用于复杂的动态报表系统上。两者的区别见表 3.1。

表 3.1 OLTP 与 OLAP 的区别

对比参数	对比项 A	对比项 B
数据处理类型	OLTP	OLAP
主要的面向对象	业务开发人员	分析决策人员
功能实现	日常事务处理	面向分析决策
数据模型	关系模型	多维模型
处理的数据量	通常为几条或几十条记录	通常要达到百万条或千万条记录
操作类型	查询、插入、更新、删除	查询为主

OLTP 与 OLAP 在数据库的应用类别方面，为何会出现显著差别呢？其实，这是因数据库存储模式不同而造成的。

传统的关系型数据库，如 Oracle、DB2、MySQL、SQL Server 等采用行存储，在基于行存储的数据库中，数据是按照行数据为基础逻辑存储单元进行存储的，一行中的数据在存储介质中以连续存储形式存在。如图 3.8 所示。

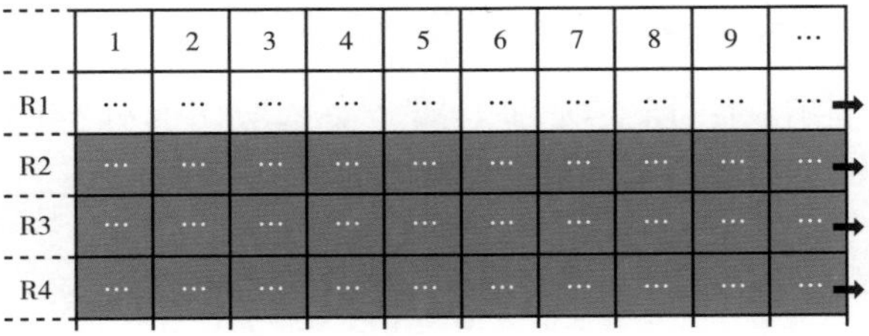

图 3.8　行存储

列存储是相对于行存储来说的，新兴的 Hbase、HP Vertica、EMC Greenplum 等分布式数据库均采用列存储，在基于列存储的数据库中，数据是按照列为基础逻辑存储单元进行存储的，一列中的数据在存储介质中以连续存储形式存在，如图 3.9 所示。

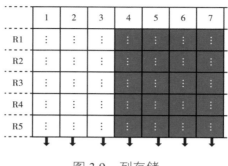

图 3.9　列存储

行存储里一张表的数据都是放在一起的，但列存储里一张表的数据都被分开保存了。因此，行存储中数据完整性做得很好，插入和更新数据比较容易，不过查询时即使只涉及某几列，所有数据也都会被读取。而列存储查询时只有涉及的列会被读取，任何列都能作为索引，可以显著减少输入／输出（I/O）消耗，降低查询响应时间，不过相应的插入和更新数据会比较麻烦。

行存储和列存储都具备各自的优缺点。对于大数据而言，如果首要考虑的是数据的完整性和可靠性，那么行存储是不二选择；如果以保存数据为主，行存储的写入性能比列存储高很多；在需要频繁读取单列集合数据的应用中，列存储是最合适的。行存储的适用场景包括数据需要频繁更新的交易场景、表中列属性较少的小量数据库场景、含

有删除和更新的实时操作场景等。列存储的适用场景包括海量消息日志的存储场景、可以精确查询用户操作日志场景和对查询响应时间有较高要求的场景等。

随着列式数据库的发展，传统的行式数据库加入了列式存储的支持，形成具有两种存储方式的数据库系统，如 Oracle 12c 推出了 In Memory 组件，使得 Oracle 数据库具有了双模式数据存放方式，从而能够实现对混合类型应用的支持。当然列式数据库也有对行式存储的支持，如 HP Vertica。总之，没有万能的数据库存储模式，一切都要以实际的用户数据存储和分析需求为准。

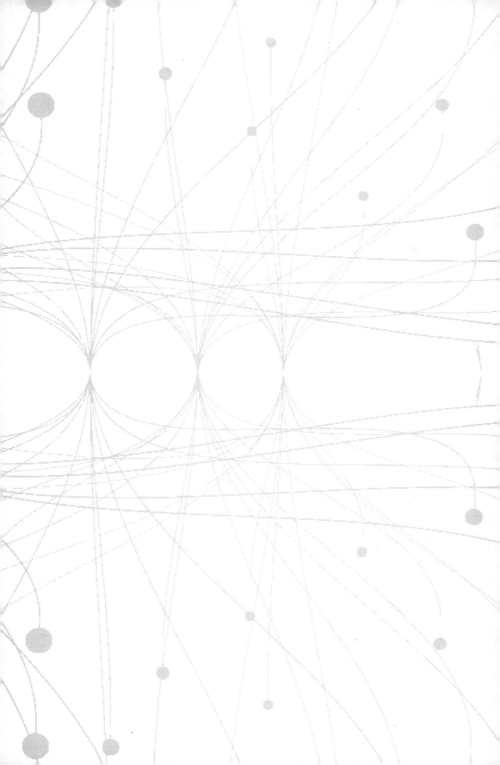

第四章

大数据管理

    数据管理是数据处理的核心，指对不同类型的数据进行收集、整理、组织、存储、加工、传输、检索的各个过程。

    数据管理是计算机的一个重要应用领域，主要有两个目的：①人们从海量原始的数据中抽取、推导出对自己有价值的信息，然后利用这些信息作为自身行动和决策的依据；②通过借助计算机系统，从而科学保存、管理复杂又海量的数据，使人们方便、充分地利用这些信息资源。

    随着信息技术的发展，数据管理经历了人工管理阶段、文件管理阶段和数据库管理阶段三个阶段。

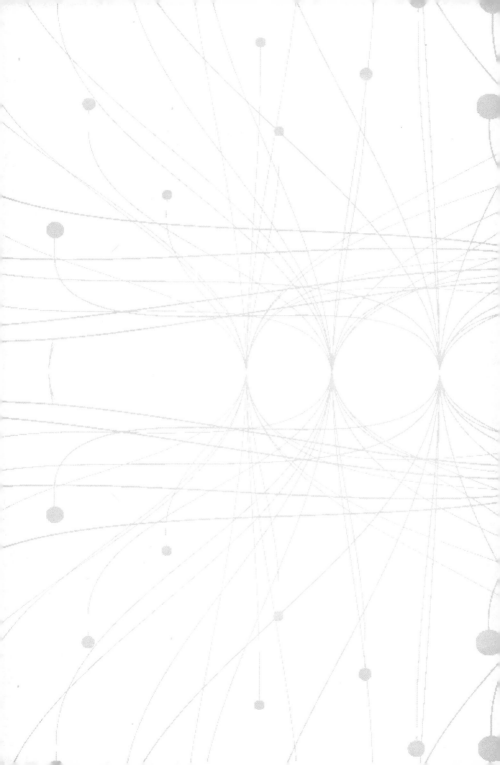

数据管理的发展历程

随着信息技术的发展，数据管理经历了人工管理阶段、文件管理阶段和数据库管理阶段。

人工管理阶段

20 世纪 50 年代中末期之前为人工管理阶段，它是计算机管理的初级阶段，对数据的管理出于程序员的个人考虑和主观想法，程序员在编制程序时要考虑数据的存储结构、存储地址、存储方式和输入，以及输出的格式等。假如，数据的存储位置或输入和输出格式发生变化，相应的程序也会跟着发生改变，人们在使用系统进行数据处理时，每次都需要准备数据。这个阶段的特点

是：数据和程序紧密地结合为一个整体，一组数据对应一
个程序，数据不具有独立性。程序和数据的关系如图 4.1
所示。

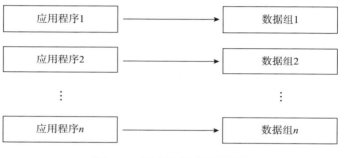

图 4.1　程序和数据的关系

文件管理阶段

20 世纪 50 年代末期至 70 年代初期为文件管理阶段，
该阶段出现了操作系统，相比上阶段有了较大的发展和进
步。操作系统包含一个专门管理数据的软件——文件系统，
文件系统将数据按一定规则组织成为一个有效的数据集合，
我们称之为数据文件。在这个阶段，数据可以以文件形式
长期存放在外存设备上，并且数据的存储等操作系统都由
文件系统自动进行管理。文件管理系统成为应用程序和数
据文件之间的接口，其关系如图 4.2 所示。

图 4.2　文件管理系统

数据库管理阶段

20 世纪 60 年代末期以后为数据库管理阶段，该阶段计算机技术得到较大发展，在硬件方面有了大容量的磁盘。由于计算机应用于企业管理，数据量急剧增加，急迫要求对数据进行集中控制、提供数据共享，因而研发了一种新的数据管理方法，即数据库管理软件。该技术避免了前面各种管理方式的缺点，使数据库管理技术进入一个新阶段。在此阶段，数据管理系统成为用户与数据的接口，其关系如图 4.3 所示。

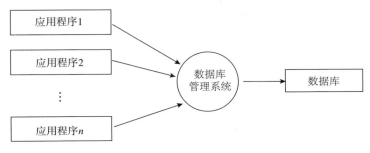

图 4.3　数据库管理系统

大数据管理方法

此前，基于人工逐表、逐项进行核查、处理的数据管理方法，因为工作量大、质量差、效率低，已经无法满足未来对数据价值挖掘的需求。

随着信息技术的发展，最近几年，信息化管理成为企业管理的重要方向，越来越多的企业开始使用信息化的方式进行数据管理。通过大数据管理方法，从而实现全业务和全人员的信息化全覆盖。具体来说，主要有以下八种。

大数据备份

如今，大数据管理和存储正在脱离物理世界的范畴，并迅速进入数字领域。随着科学技术的发展和进步，大数据其数量增长很快，按这样的速度发展下去，世界上所有的机器和仓库势必都无法完全将其容纳。

由于云存储推动了数字化转型，云计算的应用也越来越繁荣，数据在一个位置不再受到风险控制，并随时随地可以进行访问，很多大型云计算公司将会更多地访问基本统计信息。如果将数据在这些服务端上进行备份，当遇到网络攻击时，多年的数据业务增长和发展也不会消除，云端将以 A 迁移到 B 的方式提供独一无二的服务。

关于大数据备份，主要有本地备份、异地备份、活备份、死备份、动态备份、静态备份六种类型。其中，异地备份最典型的就是"两地三中心"的备份方式，此种备份方式是各银行最常用的一种备份方式。

大数据更新

数据是不断地产生、收集和加载到大数据分析系统中的。在静态数据上设计和优化的数据分析操作，一方面难以反映最新的数据，不适合许多在线应用的需求；另一方面可能受到数据更新操作的干扰，无法实现最佳的性能。因此，我们需要在大数据分析系统的设计中，不仅仅专注于大数据分析操作本身，而要把大数据从更新到分析作为重要的参考因素。

为了支撑大数据更新，最基本的要求是能够存储新到来、新产生的数据，可是这还远远不够，更关键的是要有效地进行数据更新以保证改善大数据分析的效率。

大数据授权

数据科学的授权，指赋予使用人合法使用科学数据的权利，无论是免费公开共享还是有条件的共享，或是商业环境下的数据分类，都需要对科学数据进行授权。

多种来源的数据科学资源需要多样化的授权方式，主要有四种授权模式：①完全无偿共享，这些数据属于基础性工艺数据；②有条件无偿共享，此数据的来源没有完全无偿共享模式的数据广泛，属于公益或具有公共属性的数据资源；③收回服务成本共享，此数据为一些业务部门独有的数据资源，一般可供免费共享使用，但如若进行数据服务活动则要收取费用；④有偿共享，采用商业化运作，利用数据资源来盈利。

大数据索引

索引是关系型数据库里的重要概念，是为了加速对表中数据行的检索而创建的一种分散的存储结构。索引是针对表而建立的，它是由数据页面以外的索引页面组成的，每个索引页面中的行都会含有逻辑指针，以便加速检索物理数据。

大数据管理中的索引设计主要考虑高性能、高扩展性并能有效支持不同类型查询，主要索引结构有二级索引、双层索引、按照空间目标排序的索引等。

在数据库系统中建立索引主要有四个方面的作用：①快速读取数据；②保证数据记录的唯一性；③实现表与表之间的参照完整性；④在使用 ORDER by、group by 子句进行数据检索时，利用索引可以减少排序和分组的时间。

数据标准化

数据标准化指将数据按比例缩放，使之落入一个小的特定区间。在某些比较和评价的指标处理中经常会用到，去除数据的单位限制，将其转化为无量纲的纯数值，便于不同单位或量级的指标能够进行比较和加权。

在进行数据分析之前，我们通常需要先将数据标准化，利用标准化后的数据再进行数据分析。数据标准化处理主要包括数据同趋化处理和无量纲化处理两个方面。数据同趋化处理主要解决的是不同性质的数据问题，数据无量纲化处理主要解决了数据的可比性问题。数据标准化的方法主要有 Min-max 标准化、z-score 标准化、Decimal scaling 小数定标标准化等几种。

数据工程

数据工程是数据科学与数据技术的应用和归宿，是以创新思想对现实世界的数据问题进行求解，是利用工程的观点进行数据管理和分析以及开展系统的研发和应用，包括数据系统的设计、数据的应用、数据的服务等。

数据工程的理论基础来自多个不同的学科领域，包括统计学、情报科学、计算机科学、人工智能、信息系统等。所以，数据工程可以支撑大数据的研究与应用。数据工程的目的在于系统深入地探索大数据应用中遇到的各类科学问题、技术问题和工程实现问题，包括数据全生命周期管理、数据管理、分析计算和算法、数据系统基础设施建设，以及大数据应用设施和推广等。

数据清洗

数据清洗指把"脏"的数据"洗掉"，发现并纠正数据文件中可识别的错误的最后一道程序，包括检查数据一致性、处理无效值和缺失值等。

因为数据仓库中的数据为某一主题的数据的集合，这些数据来源于多个业务系统，有时甚至包含一些历史数据，所以有些数据难免是错误的，有些数据相互之间有冲突，更有可能包含不完整或者重复的数据。这些有问题的数据不是人们所需要的，而数据清洗则是过滤这些不符合要求的"脏"数据，将过滤的结果交给业务主管部门，并由其确认是否需要过滤。

数据清洗的目的在于，通过填充缺失的数据值，以及光滑噪声、识别或删除离群点、纠正数据不一致等方法，达到纠正错误、标准化数据格式、清除异常和重复数据等目的。

数据维护

在 IT 运维过程中，数据运维是非常重要的工作，而数据中心要保持稳定的运行，需要专业技术人员具备资深的专业水平。在重要业务的数据中心，都有人 24 小时值守，无人值守的数据中心一般只能承担不重要的业务，完全无人管理维护的数据中心几乎没有。数据中心日常维护的工作烦琐，但又很重要。同时，因为数据在日常工作和生活中发挥着重要作用，因此承载数据计算、运行的数据中心也越来越重要，这也就更突显出维护工作的重要性。

数据中心的维护工作一般来说分为四大类：①日常检查类；②应用变更、部署类；③软件、硬件升级类；④突发故障处理类。在 IT 基础建设中，数据中心建成投产后，维护工作就开始了，一直到数据中心的生命周期结束。

数据集成

对于数据挖掘来说，数据是非常重要的，因为用户永远希望尽最大可能获得更多的可供挖掘的目标数据。这里涉及"数据集成"问题。那么，什么是数据集成？

数据集成是将若干个分散的数据源中的数据，或逻辑、或物理地集成到一个统一的数据集合中。这些数据源包括一般文件、数据仓库和关系数据库。数据集成的核心任务是要将互相关联的分布式异构数据源集成到一起，使用户能够以透明的方式访问这些数据源。集成，指维护数据源整体上的数据一致性，提高信息共享利用的效率。透明的方式，指用户无须关心如何实现对异构数据源数据的访问，只关心以何种方式访问何种数据。

数据集成涉及的问题

数据集成涉及三个主要问题需要解决，主要有数据值冲突问题、属性冗余问题和实体识别问题。

第一个是数据值冲突问题。属性值的表示、编码、规格单位不同，会造成在现实世界相同的实体在不同的数据源中属性值的不相同；属性名称相同，但表示的意思不相同。来自不同数据源的属性间的语义和数据结构等方面的差异，给数据集成带来了很大困难。需要小心应对，避免最终集成数据集中出现冗余和不一致的问题。

第二个是属性冗余问题。如果一个属性可以由其他属性或它们的组合导出，那么这个属性就可能是冗余的。解决冗余问题，需要对属性间的相关性进行检测。对于数值属性，通过计算两个属性之间的相关系数来评估它们的相关度。对于离散数据，我们可以使用卡方检验来做类似计算，根据计算置信水平来判断两个属性独立假设是否成立。元组自身的冗余也会构成数据冗余。数据库设计者有时为了某些性能需求，使用较低级的范式要求，造成不同关系表中同一个元组不是使用外键关联，而是以副本形式重复存储。这样，还存在更新遗漏的风险，造成副本内容不一致。

第三个是实体识别问题。来自不同数据源的相同实体会出现名称可能完全不同的情况，那如何才能正确识别它们呢？例如，cust_number 与 customer_id 分别来自不同的数据库，但是表示的意思却完全一样。这里，我们可以使用属性的元数据来分析它们。属性的元数据一般包括属性名称、含义、数据类型、取值范围、数据值编码及缺失值符号等。使用属性元数据进行数据清理工作，可以避免发生模式集成错误。

数据集成应用

cData 数据集成中间件通过统一的全局数据模型来访问异构的数据库、遗留系统、Web 资源等。中间件位于异构数据源系统（数据层）和应用程序（应用层）之间，向下协调各数据源系统，向上为访问集成数据的应用提供统一数据模式和数据访问的通用接口。各数据源的应用仍然完成它们的任务，中间件系统则主要集中为异构数据源提供一个高层次检索与集成服务。

cData 数据集成中间件是比较流行的数据集成方法，它通过在中间层提供一个统一的数据逻辑视图来隐藏底层的数据细节，用户可以把集成数据源看作一个统一的整体。这种模型下的关键问题是如何构造这个逻辑视图并使不同数据源之间能映射到这个中间层。

大数据隐私管理

数据分析和现代心理学相结合，对社会尤其是互联网领域产生了较大的影响。建立在大数据上的心理分析，可以相当精准地判断人们的个性和心理特征等隐私。

大数据隐私应用

数据存储和处理成本不断下降，数据分析和机器学习等领域的技术不断取得进步，数据分析应用越来越广泛，促使人们进入了大数据时代。在这个时代里，互联网巨头通过收集大量用户信息，使用数据分析和算法不断优化向用户展示的信息，从而影响用户的浏览和购买行为。通过这些手段和方式，天猫、京东、苏宁等电商平台的广告投放得以越来越精准有效，同时其平台收入也在不断增加。所以，大数据隐私问题日益受到人们的重视。

此外，人类行为还可能被种种微妙的手法影响或者改变。比如研究发现，销售床垫的电商在其他条件不变的情况下，如果用白云做网页背景，就会有更多的顾客选择舒适但价格较高的产品；如果用硬币做背景，就会产生完全相反的结果，令更多的顾客选择较为便宜的产品。此外，有研究还发现，人类沉迷上瘾的行为可以被多种手段引发和强化。比如，可以利用正面反馈来强化行为，而且如果让反馈的出现不确定但维持一定的概率，会比确定的反馈有更大的强化效果。研究发现的其他强化手段还包括制造悬念，在反馈中加入社交元素、设立目标及其对应的进步抗衡体系等。这些手段越来越多地被用于线上产品的设计。

随着数据采集和分析变得越来越重要，网络与数据成为各国争夺的新战场之一。比如，美国和欧洲一些国家指控俄罗斯通过网络来对其做出攻击性行为，认为俄罗斯试图影响其自身的政治体系。所以，网络和信息安全已经被视为国家安全的重要部分。与此同时，法律滞后于技术、商业模式的创新，美国、中国、欧盟等国家和地区对隐私、数据保护、数据安全的态度和认知存在较大的不同。

由于信息系统安全保密的要求，不同密级的网络不能直接连通，造成了许多内网、专网与公网的隔离。内网、专网与公网进行连通，一旦出现信息泄露，可能造成无法估量的损失。

为了解决跨网通信安全问题，云创大数据自主研发了物理隔离单向光闸，不仅起到逻辑隔离作用，更起到物理隔离作用。物理隔离单向光闸基于物理光的单向传输特性，实现物理隔离、单向传输、中间透明可见，没有任何反向信道，可保证通信安全，实现行业内网、专网与公共网络之间单向可靠通信。该技术与众不同之处在于，在中间部位是透明可见的，只有一个发光端和一个感光端，可以确保没有反向信道，从而区别于传统的逻辑隔离设备。

个人数据保护体系

信息化时代，数据收集、数据共享的规模急剧增长，数据已经成为经济增长和社会价值创造的源泉之一。快速发展的数据挖掘与利用技术使个人在网络空间里逐渐由"匿名"变为"透明"，传统方法很难有效应对大数据环境下个人数据保护的新问题。合理有效的新制度安排是解决以上问题的一剂良药。所以，遵循个人数据保护的国际优势，完善个人信息保护制度和征信制度，既是利用数据挖掘促进经济发展的基础，也是提高金融服务效率、扩大服务覆盖面和提升服务质量的基础。

个人数据与公共数据是一组相对的概念，在当代背景下，有必要明确其定义与属性。公共数据是指无"识别性"，即无主体指向的数据资源，如商品物资流向趋势图、社会资金流向地图等。而与此相对，个人数据的"识别性"构成了国际公认的个人信息的一般特征。

个人数据一般是指与一个身份已经被识别或者身份可能被识别的自然人相关的任何信息，包括个人姓名、住址、出生日期、医疗记录、人事记录、身份证号码等单独或与其他信息对照可以识别的特定的个人信息。

个人数据具有双重权利属性。就法理权利属性而言，个人数据具有类似姓名权、肖像权、名誉权等人格权的特征。随着社会发展，也逐渐具备了类似所有权、收益权、处分权等财产权的属性。所以，个人数据权被赋予兼具人格权与财产权双重属性的独立民事权利已经成为一种国际趋势。

当前，数据资源正与土地、资本、劳动力等生产要素一样，成为促进全球经济增长和各国社会发展的基本要素。客观来说，信息化对个人数据的挖掘和利用是一把双刃剑。一方面，信息化技术广泛应用，个人信息的开发和利用对于社会发展的进步意义重大，商业机构可以利用收集的个人信息为生产营销决策提供辅助信息；政府部门也可以利用掌握的个人信息进行准确的决策，从而提高社会管理效果，预防和惩治犯罪。另一方面，由于个人信息的不当收集、滥用和泄露，会造成数据自主权逐步缺失、隐私更容易遭受侵犯、数据的经济利益不公平分配等问题。因而在法律轨道上开发利用个人信息，是市场经济公平、公正发展的根基。

为在保护个人数据的基础上最大限度地促进数据的合理利用，中国可以充分借鉴国际趋势，并考虑现实国情，着力构建个人数据保护体系，从确保立法、有效监管、国际合作、完善数据运转保护制度等方面进行系统性的安排和筹划。

大数据隐私管理的目标

大数据隐私管理的总体目标是利用我们自己的管理理念和方法，像管理 WEB 数据、XML 数据和移动数据一样管理大数据隐私。具体可以从以下三个方面入手。

（1）给个人和企业一颗"定心丸"：对于想公开和打算共享数据的人来说，数据隐私是处于首位的。在不泄露数据隐私的前提下，可以公开数据或允许其他用户访问。例如，公开个人的社交网络信息而避免丢掉工作的风险发生、为科学研究公开自己的位置而避免恶意跟踪的风险等。

（2）为悬而未决的隐私挑战寻找方法：目前许多领域

还没有找到合适的隐私保护策略。比如，在市场营销领域，如何确保消费者的信息在进行保险决策时不被滥用；在医疗保障和研究领域，如何挖掘个人临床数据而又避免保险歧视的风险产生，如何配送人性化基因药物而避免医疗数据的滥用等。

（3）为大数据的应用提供技术支撑：隐私是大数据应用的前提，如果隐私问题不能得到较好的解决，则相应的应用也很有可能成为空谈。例如，防止数据收集者、分析者，以及分析结果的使用者恶意泄露隐私信息，防止大数据生命周期中收集、处理、存储、转换、销毁等各个阶段中泄露隐私。

总之，中国数据领域的法律和实践受到多方面因素的影响。一方面，政府对社会稳定的需要在很大程度上优先于隐私和数据保护。此外，政府还会对相关低俗内容进行清理。另一方面，民众和用户维护自身利益的意识也在不断加强，使得推动用户隐私和数据保护制度不断得以完善。

第五章

大数据分析方法

　　面对不断增长的数据洪流，如何在这些数量庞大、种类繁多、结构复杂的数据中找出有价值的信息，合理、高效地应用这些数据，对数据分析应用提出了挑战。在这个过程中，掌握大数据分析方法与数据可视化应用，使大数据更好地为我们的工作与生活服务，逐渐成为人们的共识。

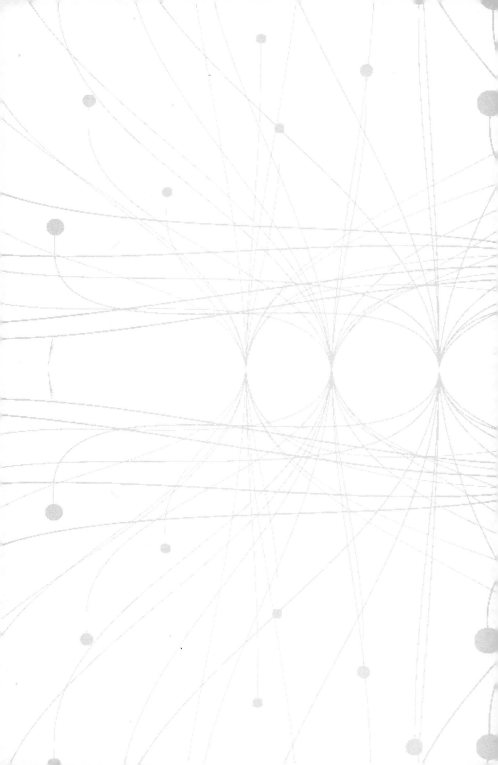

数据分析流程

　　谷歌通过数据分析，能够预测某个区域流感爆发的趋势，提醒人们及时做好预防准备；淘宝依据用户的浏览与消费记录数据，为其推荐个性化商品；网易音乐基于用户的听歌记录，通过类似算法，为其定制歌单……这些贴近生活的应用，无不与数据分析紧密相连。那么，一个完整的数据分析流程是怎样的呢？

问题定义

　　在数据分析流程中，首先需要解决的是问题定义问题，即你将针对什么问题开展后续的数据分析工作。其中包括有待分析的具体问题、影响的关键因素和核心指标等，并明确需要重点关注与分析的因素。对问题的精确定义，可以在很大程度上提升数据分析的效率。

在这个过程中，对于分析师的专业知识、数据敏感度、数据思维等都有着较高要求。当我们刚接触大量数据样本时，可能会不知所措。随着分析的问题越来越多，对数据的敏感度逐渐提升，从而慢慢养成用数据分析、用数据说话的习惯，基于数据与过往经验，能做出初步的判断和预测。

数据获取

即使数据分析师经验丰富，具有清晰严谨的数据思维，但如果缺乏作为分析基石的数据，也难为无米之炊。所以在确定问题之后，首要任务即通过多种方式获取所需数据。如果确定的问题是进行空气质量分析，那么天气数据、污染气体排放数据、空气质量指数等，都是重要的参考依据；如果确定的问题是分析产品销售业绩，那么历史销售数据、用户画像数据、广告投放数据等都需要着重分析。

至于具体的数据获取方式，既可以通过内部数据库，以 SQL 技能去完成数据提取等数据库管理工作，也可下载获取政府、科研机构、企业开放的公开数据集。

此外，还可以编写网页爬虫，收集互联网上多种多样的数据，如爬取知乎、豆瓣、网易等相关数据，对某个行业、某种人群进行分析，为市场调研、竞品分析提供重要参考。

数据预处理

在获取所需数据后，并不是每一条数据都可以直接使用，不少数据是不完整、不一致、有噪声的"脏"数据，需要通过数据预处理，才能真正投入问题的分析研究中。比如，在分析空气质量时，由于设备原因，可能某些数据进行了重复记录，某些数据并没有得到准确记录，这样在分析的过程中，就必须首先对数据进行预处理。

在预处理的过程中，可以采用数据清洗、数据集成、数据变换、数据归约等多种方法，把这些影响分析的数据处理好，纠正数据的不一致、不完整，将数据转换或统一成适合于挖掘的形式，以获得更加精确的分析结果。

数据分析与建模

在数据预处理之后，需要考虑的则是数据分析与建模。在这个阶段，我们应该根据定义问题和确定的数据，了解不同方法适用的场景和适合的问题，即方法能解决哪类问题、方法适用的前提、方法对数据的要求等，从而选择适合的数据分析方法、数据挖掘算法，优化分析模型。只有对问题、数据和分析方法进行准确匹配，才能避免滥用和误用统计分析方法的问题。

值得一提的是，在这个过程中，选择哪几种统计分析方法对数据进行探索性的反复分析尤为重要。每一种统计分析方法都有自己的特点和局限，仅依据一种分析方法的结果就断然下结论并不科学，因此在分析过程中，往往需要同时选择几种统计分析方法反复印证分析。

数据可视化及报告撰写

通过数据分析，将得到最终的分析结果，这时对其进行准确描述和预测，并通过数据可视化进行成果展示，成了数据分析的最终环节。

在具体的数据分析报告中，需要直接呈现分析结果，使读者能够对于相关情况建立一个全面认识。具体而言，在分析报告中，确立一个讲故事的逻辑，从不同角度、深入浅出地剖析各种关系，深入、细化到问题内部的方方面面，才能得出令人信服的结果。

关键的数据分析方法

在数据挖掘分析的过程中，按照不同标准可以对数据分析方法进行不同的分类。比如，在互联网运营中经常用到的分析方法有细分分析、对比分析、漏斗分析、同期群分析、聚类分析、AB 测试、埋点分析、来源分析、用户分析、表单分析；在企业数据分析中，可以具体分为描述型分析、诊断型分析、预测型分析、指令型分析；如果按照分析图进行分类，又可以划分为直方图分析、箱线图分析、时间序列图分析、散点图分析、对比图分析、漏斗图分析等多种类型。

数据挖掘是一个多学科交叉领域，涉及数据库技术、人工智能、高性能计算、机器学习、模式识别、知识库工程、神经网络、数理统计、信息检索、信息的可视化等众多领域，将诸多学科领域知识与技术融入其中。因此，目前数据挖掘方法与算法已呈现出极为丰富的形式。从使用的广义角度上看，数据挖掘常用的分析方法主要有分类、估值、聚类、预测、可视化、关联规则等。在这里，简要介绍分类分析、聚类分析和关联分析三种方法。

分类分析

数据挖掘方法中的一种重要方法是分类，分类是找出数据对象的共同特点，并按照分类模式将其划分为不同的类。换言之，分类是一种基于训练样本数据（被预先贴上标签的样本数据）区分另外的样本数据标签的过程，可以理解为应该如何为样本数据贴标签。如一个汽车零售商通过整理分析已有客户数据，根据客户对汽车的喜好划分成不同的类，当拥有同样汽车喜好的客户咨询时，销售人员就可以有针对性地为特定客户进行介绍分析，在减少沟通成本的同时，还能大幅提高成交率。

聚类与分类的不同在于：聚类划分的类是未知的，不需要人工标注或者提前训练分类器；分类需要提前定义好类别，并输入样本数据，构造分类器。常用的分类方法主要有决策树、贝叶斯、人工神经网络、K-近邻、支持矢量机、逻辑回归、随机森林等。以下简要介绍决策树、贝叶斯、人工神经网络三种方法。

决策树是以实例为基础的归纳算法，是分类和预测的主要技术之一，它着眼于从一组无次序、无规则的实例中推演出以决策树表示的分类规则。构造决策树的目的是找出属性和类别间的关系，决策树的决策过程需要从决策树的根节点开始，将待测数据与决策树中的特征节点一一进行比对，并根据比较结果进一步选择下一个比较分支，直到叶子节点做出最终的决策结果，图 5.1 展示了决策树的决策过程。

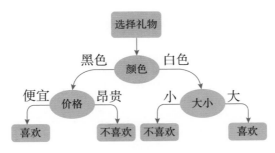

图 5.1　决策树的决策过程

贝叶斯分类算法是一类利用概率统计知识进行分类的算法，如朴素贝叶斯分类等算法，它们主要利用贝叶斯定理预测一个未知类别的样本属于各个类别的可能性，选择其中可能性最大的一个类别作为该样本的最终类别，这类算法能够广泛应用于大型数据库中。其中，朴素贝叶斯分类思想朴素，应用简单却十分有用。对于其分类逻辑，可以这样理解：对于给定的待分类项，根据不同的前提条件，计算不同情况下，各个类别出现的概率，哪种概率最大，就可以将其归在该类别之下。举一个简单的例子，当迎面走来一个黑肤色的人时，大多数人会认为他是非洲人，因为在没有特定的可用信息时，黑肤色的人来自非洲的概率最大。

人工神经网络是一种通过模仿生物神经网络特征，应用类似于大脑神经突触连接的结构进行信息处理的数学模型。在人工神经网络中，大量的节点（称之为"神经元"或"单元"）相互连接构成"神经网络"，以完成信息处理的过程。人类对人工神经网络研究由来已久，如 20 世纪 50 年代的感知机模型，90 年代出现的卷积神经网络。对于神经网络，通常需要训练，以帮助网络进行学习。在这个过程中，训练改变了网络节点连接权的值，使其具有分类的功能，经过训练的网络可用于对象的识别。目前，虽然神经网络常见的有 BP 网络、Hopfield 网络、径向基 RBF 网络、随机神经网络、竞争神经网络等上百种模型，但是仍然普遍存在收敛速度慢、训练时间长、计算量大和不可解释等缺点。

聚类分析

随着科技的进步，数据收集变得相对容易，从而导致数据库规模越来越庞大。例如，各类网上交易数据、图像与视频数据等，数据的维度通常可以达到成百上千维。在自然社会中，存在大量的数据聚类问题。

聚类指将物理或抽象对象，通过集合分组组成多个类的过程，即将数据分类到不同的类或者簇，同一个簇中的对象有很大的相似性，而不同簇间的对象有很大的相异性。

聚类是数据挖掘中很活跃的研究领域，也是数据挖掘的主要任务之一。聚类能够作为一个独立的工具获得数据的分布状况，观察每一簇数据的特征，集中对特定的聚簇集合做进一步分析，也可以作为其他算法的预处理环节。

传统的聚类算法可以分为五类：划分方法、层次方法、基于密度方法、基于网格方法和基于模型方法，以上算法已经比较成功地解决了低维数据的聚类问题。但对于高维数据和大型数据的情况，现有的很多算法已经失效。

关联分析

关联分析是一种简单、实用的分析技术，旨在发现存在于大量数据集中的关联性或相关性，从而描述一个事务中某些属性同时出现的规律和模式。在数据挖掘领域，关联分析被称为关联规则挖掘。

关联分析是从大量数据中发现项集之间的关联和相关联系。其典型应用就是购物篮分析，即通过发现顾客放入其购物篮中的不同商品之间的联系，分析顾客的购买习惯。其中，通过了解频繁地被顾客同时购买的商品，帮助零售商进一步制定营销策略。比如，啤酒和尿布的捆绑销售正是由此发现并确定的。此外，价目表设计、商品促销、商品的摆放和顾客划分也是重要应用。

关联分析的算法主要包括广度优先算法和深度优先算法两大类。其中，广度优先算法有 Apriori 算法、AprioriTid 算法、AprioriHybrid 算法、Partition 算法、Sampling 算法、Dynamic Itemset Counting（DIC）算法等，而深度优先算法则主要包括 FP-growth 算法、Equivalence Class Transformation（Eclat）算法、H-Mine 算法等。

大数据可视化

在明确数据分析的流程与具体方法后，接下来需要进一步进行数据可视化分析，将数据分析结果予以清晰准确地展示。在分析过程中，用户是所有行为的主体：通过视觉感知器官获取可视信息，编码并形成认知。不同的数据可视化方法，对用户产生的直观效果不同。依据不同原则，数据可视化方法有不同的分类。

例如，按面向领域的不同，可分为地理可视化、生命科学可视化、网络与系统安全可视化、金融可视化等；按空间维度的不同，可分为一维可视化、二维可视化、三维可视化、复杂高维可视化等；按可视化对象不同，可分为文本和文档可视化、跨媒体可视化、层次和网络可视化等。从方法论的角度出发，数据可视化方法可以分为三个层次，如图 5.2 所示。

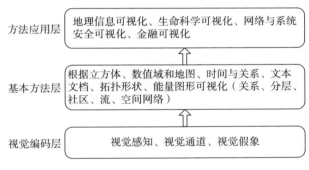

图 5.2　数据可视化方法体系

统计图表可视化方法

统计图表既是最早的数据可视化形式，也是基本的可视化技术。柱状图、折线图、饼图、面积图、地图、词云、瀑布图、漏斗图等多样化图表目前已经被广泛使用。对于很多复杂的大型可视化系统来说，这类图表已经成为不可缺少的基本组成元素，选择合适的统计图表和视觉暗示组合将有助于数据可视化的实现，满足不同的展示和分析需求。图5.3总结了根据需求分析可采用的统计可视化方法。

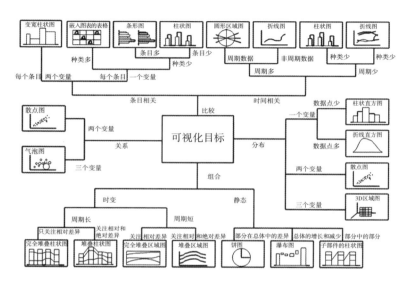

图5.3　统计可视化方法

　　数据可视化最重要的目的和最高追求是以简单、易懂的可视化展现形式，表示复杂的数据关系，基本的可视化图表能够满足大部分可视化项目的需求。下面我们就对常用的可视化图表——柱状图、条形图、折线图、饼图、散点图、雷达图进行介绍。

柱状图

柱状图是一种以长方形的长度为变量的表达图形的统

计报告图，它由一系列高度不等的纵向条纹表示数据分布的情况，用来比较两个或两个以上的值。

柱状图只有一个变量，适用于二维数据集，能够清晰地比较两个维度的数据。柱状图亦可横向排列，或用多维方式表达。同时，图中每根柱体内部可以用不同的方式进行编码，构成堆叠图。

优势：由于肉眼视觉对高度差异很敏感，柱状图能够利用柱子高度明显反映数据的差异。

劣势：柱状图适用的数据集偏中小规模。

传统柱状图一般用于显示一段时间内数据的变化，或者显示不同项目之间的对比，用以表示客观事物绝对数量的比较或变化规律。传统二维柱状图包括二维簇状柱形图、二维堆积柱形图、二维百分比堆积柱形图等（图5.4~图5.6）。

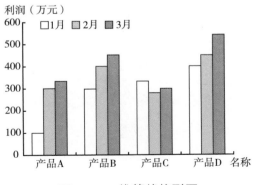

图 5.4　二维簇状柱形图

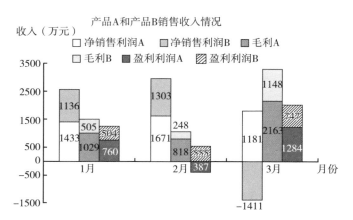

图 5.5　二维堆积柱形图

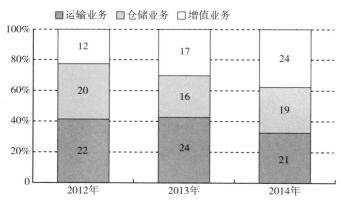

图 5.6　二维百分比堆积柱形图

　　此外，也可以把柱状图表做成更为直观的三维图表形式。三维柱状图能够在三个坐标轴显示三种不同的变量，立体而有视觉冲击力。以下是三种典型的三维图表：三维簇状柱形图、三维堆积柱形图、三维百分比堆积柱形图（图 5.7）。

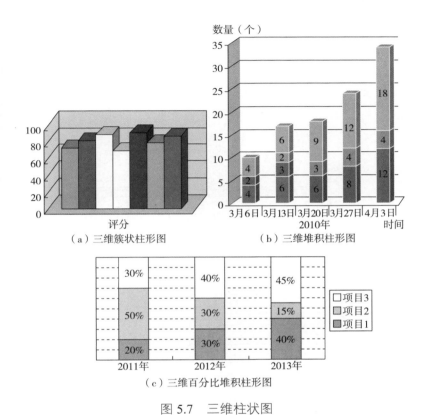

图 5.7　三维柱状图

在分析查看柱状图时，我们的一般分析思路是：①查看横坐标和纵坐标反映的内容。②查看柱子数值的大小与变化的规律。③综合分析现象或问题的产生及原因，并提出相关建议和对策。

条形图

对于工作表的列或行中的数据，可以绘制到条形图

（图 5.8）中，以条形图显示各个项目之间的比较情况，让
人一眼就可以看出数据之间的差别。

描绘条形图主要包括组数、组宽度、组限三个要素，
特别适合于轴标签过长、显示的数值是持续型的场景。

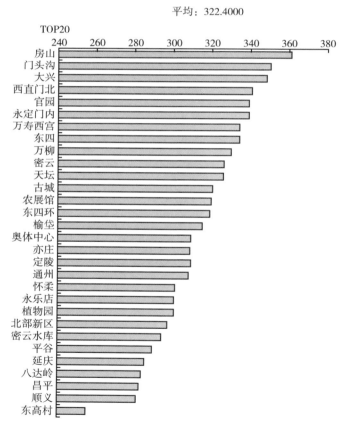

图 5.8　30 个北京监测站检测的 PM$_{2.5}$ 数据（2016 年 12 月 20 日）
（数据来源于中国工业信息网）

图 5.8 所示为 30 个北京监测站检测 PM$_{2.5}$ 的数据，横坐标表示 PM$_{2.5}$ 的数值，纵坐标表示 30 个监测站，可以清晰、直观地看出每个监测站检测的数值及其大小关系。

折线图

折线图以点和线组合反映事物发展趋势和分布情况，适合表达增幅与增长值，适用于二维大数据集，尤其是那些表示趋势比单个数据点更重要的场合。同时，它还适用于多个二维数据集之间的比较，当需要体现许多数据点的顺序时，能够按时间（年、月、周和日）或类别显示趋势，如图 5.9 所示。

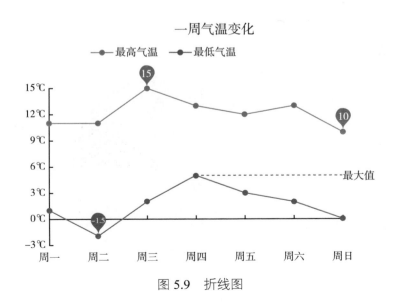

图 5.9　折线图

137

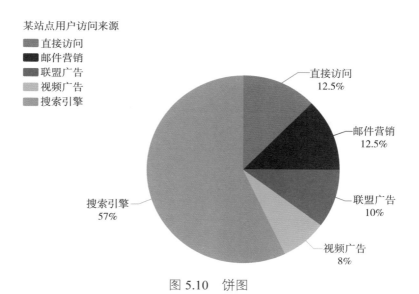

饼图

饼图一般适用于反映某个部分占整体的比例，表述一维数据的可视化，尤其是能够直观反映数据序列中各项的大小、总和和相互之间的比例大小，图表中的各个数据系列以不同的颜色或图案在图中标识，用于表示事物的构成情况。饼图在用于对比不同数据在由其形成的总和中所占百分比值时最有用（图 5.10）。

饼图使用不同颜色来区分局部模块，局部占整体的份额一目了然，能够直观清晰地反映某个部分占整体的比例。不过，饼图要求仅有一个要绘制的数据系列，且绘制的数值没有负值，

某站点用户访问来源

■ 直接访问
■ 邮件营销
■ 联盟广告
■ 视频广告
■ 搜索引擎

直接访问
12.5%

邮件营销
12.5%

联盟广告
10%

视频广告
8%

搜索引擎
57%

图 5.10　饼图

同时几乎没有零值，对于精细的数据应用，存在一定的局限性。

散点图

散点图展示成对的数和它们所代表的趋势之间的关系。对于每一数对，一个数被绘制在横轴上，而另一个数被绘制在纵轴上。过两点作轴垂线，相交处在图表上有一个标记。当大量的数对被绘制后，就会出现一个图形（图5.11）。

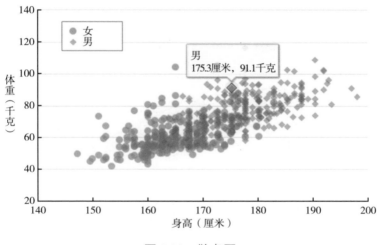

图 5.11　散点图

由于散点图可以直观地反映变量间的变化趋势，有助于分析师决定使用哪种数据分析方式模拟呈现这种关系，比如对函数曲线绘制的选择等。同时，也可以用于绘制平均线、辅助添加文本标签和进行矩阵关联分析等，常用于教学和科学计算中。

雷达图

雷达图又称戴布拉图、蜘蛛网图，主要用于表达事物在各个维度的分布情况。在具体表现形式上，雷达图在一个圆形的图表上集中反映整体中各个个体所占的比率，形成犹如蜘蛛网般的图示，为数据分析与比较提供直观醒目的图表参考（图5.12）。

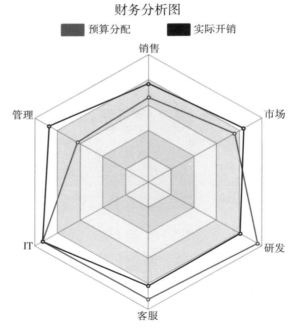

图 5.12　雷达图

雷达图适用于多维数据（四维以上），且每个维度必须可以排序，常用于财务分析报表，可以准确表现公司各项财务比率的情况，帮助了解公司财务指标的变动情形及其好坏趋势。

典型的可视化工具

上面介绍了统计图表可视化方法，在为数据选择正确的图表和图时，还要参照科学可视化模型（图5.13），比较各种方法的优势，精挑细选后采用多种方法联合呈现数据。

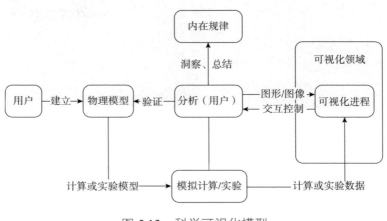

图 5.13　科学可视化模型

制作多个图表时，要比较所有的变量，看看有没有值得进一步研究的问题。先从总体上观察数据，然后放大到具体的分类和独立的特点。

　　基本图表的选择方法：相比传统的用表格或文档展现数据的方式，利用数据可视化将数据展现出来，使数据更加直观、更具说服力。在各类报表和说明性文件中，用直观的图表展现数据，显得简洁、可靠。

　　在前端开发中，统计图的绘制可以选择 Echarts（图 5.14）。

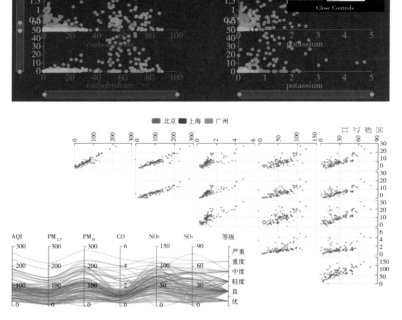

图 5.14　Echarts 可视化效果图

Echarts 是一个纯 JavaScript 的图标库，可以在 PC端和移动设备上流畅运行，兼容当前绝大部分浏览器（如IE8/9/10/11，Chrome，Firefox，Safari 等），底层依赖轻量级的 Canvas 类库 ZRender，提供直观、生动、可交互、可高度个性化定制的数据可视化图表。

现在 Echarts 已经开发出版本 3，其中加入了更多丰富的交互功能和更多的可视化效果，并且对移动端做了深度的优化。Echarts 官网也提供了完整的文档。

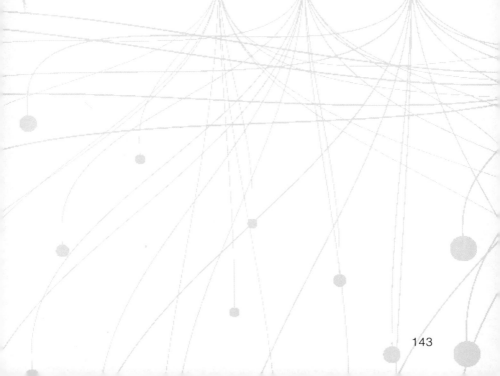

第六章

大数据赋能智慧政务

　　在全球范围内，大数据赋能智慧政务已成为未来政务发展的新形态，我国"十三五"规划更是明确提出"实施国家大数据战略"，运用大数据助力政府职能转型和社会治理创新。智慧政务借助大数据技术整合与政务相关的各类数据信息，以数据分析为核心，对海量数据进行多维分析与挖掘应用，做出智能的分析判断和科学决策，有利于准确掌握政务动态变化，发现公众新需求，变被动服务为主动服务，极大地提升了政务服务能力。因此，一个属于智慧政务的大数据时代已然来临，正在改变着现有的政务服务模式，促成政务服务理念与工作流程发展，引领政务服务成功转型升级。

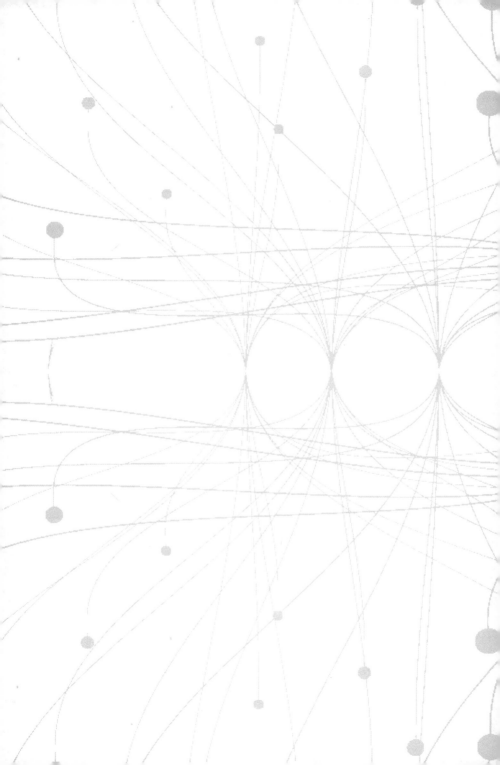

智慧政务由大数据开启

政府是国家最重要的决策主体，其决策体系是否科学，直接决定了政府的治理能力和治理效果。我国的电子政务系统涉及国家民生、社会治安、交通管理、金融、环保、医疗、教育等各个方面，但是现有的系统仍然存在着"信息孤岛"问题，绝大部分系统不能和外界实现数据共享，只能实现办公过程的信息化，而不能通过数据分析实现基于数据的科学决策，距离真正的"智慧政务"功能仍有很大差距。

什么是智慧政务？智慧政务的核心是"政务"，大数据则是其表现形式和载体，通过大数据技术能在数据源异构和网络异构环境下提供标准的数据传输、存储和处理，其包容性能够模糊政府各部门间、政府与市民间的边界，使数据共享成为可能，从而提高政府各部门协同办公效率和为民办事效率，提升政府社会治理能力和公共服务能力。从技术角度来看，电子政务与智慧政务两者并不是非 A 即 B 的关系，它们之间既有区别，同时也有着紧密的联系。没有大数据技术支撑的电子政务系统只能算是智慧政务的起步阶段，没有电子政务系统数据及信息化基础支撑，智慧政务就成了无源之水、无本之木。现有政务信息化的建设积累了海量的政务数据，大数据技术对保障政务数据的全面性和准确性很有帮助，其能够充分发挥政务大数据的价值，并与业务深度融合，使智慧政务的建设具有实质意义，不会成为新一代的形象工程。

智慧政务的重点是让政务数据"会说话"，让政务数据成为"智慧"的政务数据。例如，在公安系统中，大数据能够形成包括刑侦、技侦、网侦、经侦等公共安全的综合智库，为公安民警办案提供可视化分析及业务贯通；在食品药品监督中，大数据能够形成生产、加工、检验、物流及销售全过程、全生命周期的立体化管理，有效降低了交易成本，促进了专业化分工，提升了工作效率。

由此可见，基于大数据的智慧政务可以实现政务服务的集约化。政务服务的部门较多，分别面向不同的服务对象、服务主体和服务内容，其政务集约化一是通过数据共享、整合实现多个业务系统的横向与纵向贯通，简化政务服务流程；二是建立数据共享、整合标准和机制，显著提升政务数据的全面性、覆盖度和综合性，从而反作用于政务服务并有效提升政务服务质量。大数据使政务服务由被动服务转换成主动服务，极大地改善了民众、企业等主要服务对象的客户体验，使公众切实感受到智慧政务带来的不一样的便利。

如何开展智慧政务建设

为了进一步完善政务系统的建设，实现智慧政务，我们应该从三个方向入手：①完善电子政务系统建设；②推进多部门间数据共享；③建设具备智慧功能的政务系统。从而实现"用数据说话、用数据决策、用数据管理、用数据创新"。

完善电子政务系统建设

要想进一步完善电子政务系统，应将现有的电子政务资源进行整合，实现数据在不同部门之间的共享，为后期政务系统的建设夯实基础，同时对于计划建设和尚未完成建设的平台也应该增加数据共享要求。其中，有些平台最好是由国家出面建设统一的大数据平台，如人口信息、信用评估等与宏观经济密切相关的平台，各级政府部门将相关数据上传到平台上，可有效避免重复建设造成的资源浪费，也能够树立平台的权威性。

电子政务系统的建设基础在于数据的采集分类与预处理，数据采集要建立技术标准和规章制度，对采集的数据要进行相应的分类，明确哪些数据是涉密数据、哪些数据能够进行共享、哪些数据能够对公众开放；数据预处理包括数据清洗、筛选、标注、纠错等，应严格按照数据处理规范，提供达标的高质量数据，为后续数据处理工作提供有力支撑。这里我们建议可以携手高科技企业共同开发大数据平台技术，共同推进大数据产业化，奋力抢占政务大数据开发应用的制高点，利用政务现有的数据优势，在转变政府职能、加强社会监督和降低行政监管成本等方面做出创新。

推进多部门间数据共享

多部门间的数据共享是转变政府职能、加强社会监督、促进创新创业的基础。政府和公共部门掌握了社会80%以上的数据资源，要实现政府的网格化管理与服务，就需要充分利用已有的数据资源，实现多部门之间的数据共享。

通过政务系统开放经过授权的政府数据，加强了政府为公众提供公开服务的能力，公众通过这些对外开放的数据，可以更好地了解社会经济和政务信息化发展的情况，帮助公众通过建设的电子政务网站平台，简化手续办理的流程，提高政府为公众服务的效率。同时，通过政务系统开发的行政许可和处罚等数据，使得公众可以更好地对政府工作进行监督，提高行政管理的透明度和政府的公信力。

大数据分析可以预测市场需求、人群流动、社会经济形势等，要实现上述功能必须具备海量的数据资源。政府和公共部门掌握着大量的数据资源，只有推荐多部门间的数据共享才有可能实现共享，通过分享这些相关数据资源，可以节省社会创业人员采集数据的时间，节约创业成本，促进社会创新创业的发展，为社会的经济增长提供新模式。

建设具备智慧功能的政务系统

基于现有数据的共享和新数据的更新采集，运用大数据技术构建智慧政务系统，不仅可以实现为公众服务的智慧服务功能，还可以为政府提供智慧管理和决策，形成具备智慧功能的电子政务系统，我们认为至少应该具备协助政府提高监管和服务效率、提高政府信息服务水平、建立社会经济风险预警、科学制定相关政策法规等功能。

首先，协助政府提高监管和服务效率。平台能够分析不同区域、不同行业下的企业经营情况，准确把握当下市场的风向标，从而更好地引导企业的经营活动，更高效地为企业提供服务，实现对市场的监管。

其次，提高政府信息服务水平。平台可以将社会经济数据进行分析处理，并将其结果作为政府部门发布信息的基础，由于是社会经济数据的分析统计，因此不仅能满足企业的需求，同时政府各部门也能将相关的信用数据进行审核，发布到统一的平台上，为公众提供权威的信用查询服务。

再次，建立社会经济风险预警。平台可以整合汇聚各政府部门、各行业的海量数据，获得各行业发展现状及供需现状，利用这些宏观数据可以对经济运行和社会舆论风险进行评估，实现敏感性词汇的统计，帮助政府在事件爆发前做好应对准备工作，降低风险，维持社会稳定。

最后，科学制定相关政策法规。平台通过大数据可以对一些宏观数据进行分析，建立可供参考的分析模型，这样有利于政府科学地制定相关政策和法规，从而更好地为社会提供服务。

智慧政务应用方向

智慧政务依托大数据、云计算等信息技术，优化了政府治理的理念与方式，体现了政府公共服务模式由全能型向智慧型转变的趋势，是大数据时代电子政务应用的新方向，即在智慧的办公平台上，通过智慧的决策，为公众提供智慧的服务。

数据驱动智能办公

在智慧政务中，采用大数据、云计算、人工智能等技术手段，将传统的电子政务系统升级到智能的电子政务系统，逐步实现了立体化、多层次、全方位的电子政务公共服务体系，加快推进智能化电子政务服务新模式的初步应用。

提高办公效率

在数据驱动智能时代的浪潮中，智能的电子政务系统大多具备办公行为分析功能，可以根据使用人的职位、权限、使用频率、完成的工作任务等，对使用人的界面及常用功能进行自动优化，通过优化调整来帮助使用人更便捷地使用政务系统。同时，还会具备办公自动提醒功能，包括邮件提醒、会议通知提醒、重要办公事件提醒等，使用人通过系统的自动提醒就可以知道有哪些事件需要处理，并对待办事件进行排序，如按照重要程度、紧急程度排序。当然，除了上述介绍的功能，方便地查询政策法规和办事流程，随时随地进行移动化办公，分享他人工作经验等功能，也能极大地提高工作效率。

办公管理精细化

大数据可以促进政务系统设置详细的绩效指标体系，对关键难点指标进行深度分析，使实时的、可量化的绩效测量成为可能，并及时对绩效不良的情况进行识别和处置，有利于优化工作资源配置，提高办公整体绩效，从而使政务系统的管理更为精细化。

政务运转协同化

数据是开展业务的重要支撑，而大数据技术可以帮助政府构建一个横跨多个部门、多个系统的政务大数据平台，促使政府各部门实现横向与纵向上的业务贯通，实现各部门间的数据共享与业务协同，彻底消除信息孤岛，打破信息壁垒，使政府办公效率和为民办事效率大大提高，真正给公众带来便利。同时降低了政府的运行成本，也降低了政务系统的运营开支。

公众参与高度化

智慧政务建立了公众与政府间的沟通渠道，通过在线互动让公众参与政策制定与执行、效果评估与监督中，使政务工作更加透明。例如，政务系统可以开放微博、微信公众号等社交功能，利用其开放性、互动性使得民众参与政务中，将公众反馈的海量数据信息集中处理，将分析结果反馈给政府，由政府将有关问题予以解决，这将增加公众参政议政的信心。

个性化智能服务

大数据的应用使得个性化智能服务成为可能，这源于大数据的信息粒度的精细。例如，通过建立个人信息数据库，可以使政府对个人的信息反馈更加快捷和准确，在遵守国家法律法规前提下，智慧政务系统可以将个人信息数据、对外开放的各行业数据、社会机构数据接入数据模型进行分析，其分析结果可为公众生活的各方面提供更为多样化、个性化的信息服务。再如，政府办公网站可为用户提供场景式服务，引导用户办理有关业务等。

基于数据的科学决策

在大数据时代，政府的决策制定已经不是依赖以往的经验与直觉，也不是拍脑袋想对策，而是依据科学的数据分析做出决策。将大数据的思维方式运用在政府管理与决策中，通过数据仓库、数据分析、数据挖掘等大数据技术建立智能决策系统。该系统可以根据业务需求自动生成统计报表和可视化分析，将社会发展情况、经济发展情况、政府运行情况等形象地呈现出来，为政府决策提供科学依据，辅助领导干部制定政府工作决策，并优化政府决策，跟踪决策实施效果，使政务决策更加准确、更加合理。

大数据不仅能为政府提供科学决策，还能根据政务需求、公众需求提供相应的决策反馈。例如，美国哈佛大学曾经向全世界免费开放公共课，通过公共课收集上课学员信息，分析有关国家的学习数据，从而研究世界各国的学者的学习行为模式。大数据对决策的产生机制、智能辅助机制、反馈机制使得政务决策更加精准，使政府能为公众提供更加智能的服务。

智能监管长效反腐

本着"防大于治"的反腐原则，政府治理腐败问题最有效的方法就是尽量防止腐败问题的产生。智慧政务在防止腐败产生方面有着得天独厚的优势，可将反腐败的作用空间拓展至政务内网、政务外网和互联网，相较于传统的反腐方式，其反腐的效力影响范围更广，力度更大。

推进政务环境透明化

智慧政务带来了政务环境的开放、互动、平等、透明，加速促进了政务环境由封闭、神秘向公开、透明转变，有效制约了政府各部门的办公行为，使原来利用腐败行为获利的中间人失去市场，并推动政务系统新政务理念的转变，引领勤政廉洁风气的传播。

推进政务职能电子化，降低腐败发生率

智慧政务可以推进政务智能电子化，促进政务系统技术层面的制度化的改造，形成技术规制，且这种技术规制有利于政府部门捕获腐败行为，减少腐败滋生的土壤。同时，还可以规范自由裁量权，防止权力滥用。由于电子政务系统自身的发展需要，政务运作变得规制化、责任明确化，所以政务职能电子化也就意味着在一定程度上降低了

内部工作人员暗箱操作的可能性。

促使信息传递无障碍，减少腐败环节

智慧政务的快速发展，使得政务各部门的信息传递方式发生了革命性的变化，政府各部门与公众间信息传输的渠道更加多样化，交换的数据量更为庞大，信息流动速度更为快速，受众范围大幅增加，疏通了整个信息流动的渠道。信息传递的畅通无阻，有效缩减了信息传递的中间环节，使权力运作由暗箱操作变成阳光作业，使办公人员能够监督公共权力运作状况，使公众能够监督政府办公，最大限度地降低腐败产生的可能性。

大数据与政府治理

大数据在智慧政务的发展过程中有着举足轻重的位置，在智能办公、科学决策、长效反腐等多个方面扮演着重要角色。大数据不仅为政府治理提供了重要的数据资源，同时也正在成为一种治国利器。

案例一：深圳宝安区智慧政务服务平台

深圳宝安区智慧政务服务平台的建设涵盖了深圳市宝安区政务服务中心、6个街道政务服务中心和126个社区政务服务中心的建设，以及宝安区"行政服务大厅、网上办事大厅、全口径受理中心、全口径咨询中心"的全部落地等，因此宝安区市民找政府办事将更为方便，认准"一个大厅、一个窗口、一个网站、一个号码"市民就可以完成几乎所有的事项办理。

"一个大厅"即各级政务服务大厅，全区所有行政审批服务都会纳入各级政务服务大厅，通过前台受理、后台分类审批的服务模式，为市民提供一站式的服务，帮助市民节省办理时间。"一个窗口"即服务大厅所有的窗口全口径受理各种业务，市民只需要准备好材料，在一个窗口进行受理就行，不需要重复提交资料、多次跑路、多窗口排队。"一个网站"即网上办事大厅借鉴互联网理念，构建便民服务网络，实现100%网上申报和100%网上审批。"一个号码"即宝安区正式启用的24小时热线服务号码，其负责受理面向市民、企业对区政府各部门职能范围内的咨询、投诉、意见和建议。

统一身份认证

统一用户登录

统一用户空间

统一证照管理

一个窗口统一收件

统一综合受理反馈

一个窗口统一出证

全区通办就近办理

图 6.2　网上大厅业务流程

行政审批标准化：通过行政审批标准化管理系统，规范受理、审批、办结等各个环节，统一事项、数据、流程、材料、时限等政务服务标准，建立全区统一的办事流程。依托"1+6+126"三级政务服务中心体系和智慧政务服务平台的全面覆盖，实现政务服务一体化，实现"就近办理"与无差异化的"全区通办"。

100% 网上审批

全流程网上审批：按统一标准将各部门内部审批系统与全流程电子化审批系统进行数据对接，运用电子签章、物料流转、证照比对等手段，形成"前台申报、后台审批、证照共享"的无缝协同机制，所有内部审核、签名、盖章、证照签发等操作均可在网上进行，实现全流程电子化审批（图 6.3、图 6.4）。

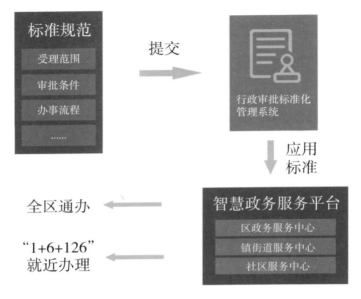

图6.3 行政审批标准化管理系统

材料流转：采用手机拍照、扫描仪扫描等技术手段，将纸质材料电子化，通过受理反馈系统，利用电子签章技术验证提交材料的真实性、完整性与合法性，运用电子签名、电子公章等手段进行在线审批，实现网上申报、网上预审批等环节的全流程电子化。

档案归档：依托审批档案归档系统，在审批完成后，对申请材料、审批材料、审批结果、过程记录信息等资料以电子化方式归档保存，为后期数据共享交换打下基础。

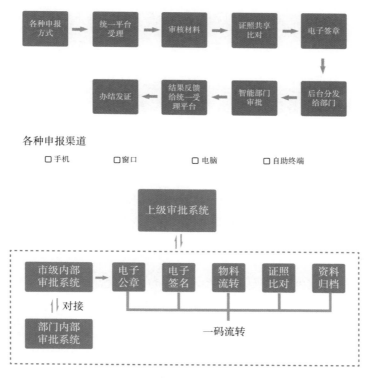

图 6.4　全流程电子化审批业务流程

大数据创新管理

实时化管控：通过实体大厅的虚拟化映射，实现对"人、事、窗口"的实时管理，通过智慧政务服务平台实现实时查看窗口服务人员状态、实时查看处理审批事项进展、实时查看窗口分布及动态，并实现对具体服务人员经办事项的反向追踪，构建的监督考核体系。

主题式管理：通过积累的业务处理数据，构建宝安区个人空间、企业空间和各类主题数据库，实现用户在线行为数据留痕、可追溯，自动识别系统内历史数据，做到一次填写多次复用、一次录入永久共享。

诚信与服务：依托宝安区信用信息平台融合信用数据，建设信用大数据库，将个人与企业的失信行为纳入诚信记录，推行"信任审批"，打造"容缺审批"绿色通道。同时，通过推行"信任审批"和"容缺审批"，可以构建信用信息记录、归集、共享、应用的全过程管理机制，促进各类社会主体规范约束自身行为，营造诚信守法的良好风气。

案例二：延安市12345智慧政务服务平台

为了进一步拓展公众诉求渠道、有效解决实际问题、促进政务服务效能和公共服务水平提升，让市民共享智慧政务服务发展成果，延安市政府整合全市各类民生服务热线，建立了延安市12345智慧政务服务平台（图6.5）。

延安市12345智慧政务服务平台是延安市委、市政府开辟的"对外一号受理、对内按职转办"的线上线下服务一体化窗口，将百姓办事和百姓问政融为一体，真正成为市民与政府之间的"桥梁纽带"。一方面，市民可通过12345平台寻求政府帮助、咨询政务信息、监督政府工作和发表意见建议；另一方面，通过社情民意调查，以大数据分析新模式为决策制定和工作开展提供参考资源。延安市12345智慧政务服务平台于2017年7月28日上线运行，实行全年无节假日24小时人工服务，目前平台共接听市民来电58450个，受理诉求13872件，办结率97.31%，群众满意率86.64%。

图 6.5　延安市 12345 智慧政务服务平台

平台特点

（1）有序整合各部门热线电话。已经完成了市民热线 2169000、市编办 12310、公积金 12329、旅游投诉 8013939 等服务热线的整合，可以实现公安和紧急类热线平台的语音转换、数据互通。

（2）拓展延伸受理渠道。除热线电话外，12345 智慧政务服务平台还拓展了微博、微信、邮箱、短信、传真 5 种受理渠道，形成"六位一体"的多渠道受理方式。

（3）强化制度创新宣传。完善工作制度，明确了受理原则、办理职责、办理时限、处罚措施等规定；梳理单位职责界限，分出 20 大类 60 小类共 800 多项分工明细事项；建立"月通报、月督办"制度，确保市民诉求得到及时解决；建立热线电话回访，掌握市民对诉求事件的满意程度，对承办单位进行监督；创新开辟了"12345 回音壁"，将典型案例办理结果向市民公示；通过《文明延安》《民生延安》等电视栏目进行宣传，并与广播电台合作开展播报诉求案例、现场受理市民需求、现场答疑等环节，进一步提高市民对 12345 智慧政务服务平台的认知度。

（4）丰富政府决策的信息源。延安市 12345 智慧政务服务平台可通过现场观摩、现场录音、现场电话访问、现场算分等规范流程开展社会民意调查，把最直接、最真实的调查结果反馈给相关部门，充分发挥辅助决策作用。截至 2017 年 5 月已完成社会民意调查项目 6 个，获取有效样本 33570 万个，形成调查报告 4 期。

技术实现方式

延安市 12345 智慧政务服务平台技术架构如图 6.6 所示。

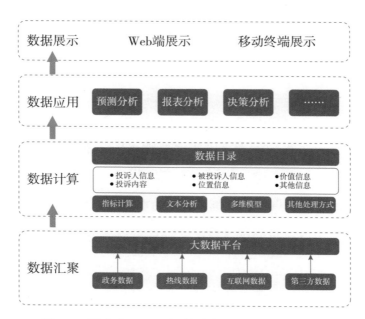

图 6.6　延安市 12345 智慧政务服务平台技术架构

从图中可以看出，数据汇聚层实现对所有数据进行统一汇聚，构建大数据平台数据资源池；数据计算层通过指标计算、文本分析等方式，对数据进行分析处理，挖掘有价值的信息；数据应用层通过平台可提供预测分析、报表分析、决策分析等功能；数据展示层主要将应用成果进行展示，可在 Web 端和移动端展示。

在技术架构中，数据计算层中的大数据分析处理最为核心，在 12345 热线中市民诉求内容基本都是文本数据，首先对数据进行分词，根据数据属性或给关键字打上标签，再进行自动分类和规则分类，最后将数据分析处理结果向最终用户展示。

应用效果

（1）实时预警热点事件。12345 智慧政务服务平台的大数据分析更为准确，可快速反映市民诉求的趋势变化，通过对市民诉求进行统计、分析与处理，梳理出政府部门关注的敏感信息，并对热点问题和突发事件进行实时预警，同时结合外部数据可进行舆情分析，预测可能发现的事件趋势，并通过网站、邮箱、短信等方式推送到有关部门。

（2）数据提升服务质量。分析市民通过 12345 热线投诉或咨询时所提到的关键词的频次，可以判断某时间段内市民关注的热点，以此知道公众关心哪些问题，便于政府有针对性地解决问题，如通过网站、信息推送等方式进行公开响应。

（3）促进管理水平提高。12345热线使用大数据分析热点问题，尤其是定期汇总分析市民反映的办事服务质量、工作效率、工作作风和行业工作中的热点、难点等问题，使12345热线成为促进行业整体管理水平提高的重要手段。如监控各承办单位办理情况，使用颜色标志来表示办理工作的时限变化，并给出预警预测的警戒线。再如，从督办数、延期时间、市民满意度、退单次数、投诉量等指标进行考量，可反映一定周期内某区域或部门存在的问题。

未来发展路径

发展智慧政务的重要性与必要性已毋庸置疑，在具体规划与发展中，我们需要加强智慧政务顶层规划设计，落实"为民服务"的建设宗旨，推动政府治理思维的转变。

加强智慧政务顶层规划设计

智慧政务的建设具有一定的复杂性和持续性，无法做到一步到位，需要有详细的建设和实施步骤，政府需要根据当地发展现状逐步推进智慧政务的建设，特别是当前智慧政务处于实践与探索的阶段，必须要加强智慧政务的顶层规划，完善制度设计。首先，要在明确智慧政务建设目标的基础上，建立智慧政务的总体战略、规划与具体内容；其次，要加强资源整合与信息共享，促进政府各部门数据和业务的互联互通；最后，要合法地、安全地公开政务信息，推进政务信息公开机制的建设。

落实"为民服务"的建设宗旨

明确顶层规划的同时加强自下而上公众监督管理力度，依托大数据分析处理技术对政务大数据进行处理与反馈，能够对治理的社会资源与国家资源进行整合，扩展公众依法参与社会治理的范围和渠道，有助于强化公众对政府职能部门的监督。随着政务信息在公众与政府之间的流通，政府可随时获取公众诉求信息和监督信息，促使政府工作更加高效、更加透明，使建设内容和建设目标落到实处，杜绝"面子工程"，真正做到为人民服务、为社会服务。

推动政府治理思维的转变

智慧政务的核心在于改变当前的社会治理模式，最关键的在于改变政府办事人员的思维方式，这是未来政府治理的发展趋势，是转变政府治理思维构建服务型政府的基础条件。通过融合云计算、大数据、互联网等先进技术进行政务应用，政务服务更加智能、更加灵活，对社会的治理更加细致、更加科学，对全面推进现代化的社会治理和构建和谐社会具有重要的意义。

第七章
大数据促进经济增长

大数据已上升为国家战略，其在经济发展中发挥着举足轻重的作用。为此，各地政府与时俱进，因地制宜，立足区域定位，依托线上平台的信息共享与数据分析，将大数据应用逐步与招商引资、精准扶贫、产业转型、智能制造、数据引流、服务升级、智慧金融等紧密结合，最大限度地发挥大数据的价值。

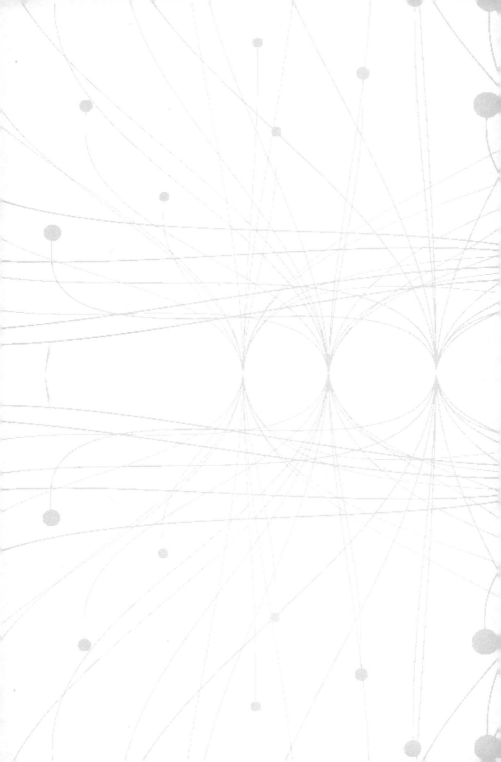

精准招商 定向引资

　　招商引资工作是加快推进产业结构调整和转型升级的重要途径。过去，我们习惯于通过税收优惠、基础设施配套和公共服务等进行招商引资，确实刺激了各地经济的快速发展。在大数据、人工智能等新一代科技的冲击之下，传统的税收、土地和"三通一平"等优惠政策不再是唯一的招商举措，如何应用计算能力、存储能力，以及基于海量数据的深度挖掘，为精准招商提供参考，成为招商的重要问题。

　　目前，大数据逐渐成为政府精细化管理的重要技术。在招商方面，对于地方发改委、招商局、园区管委会等招商部门来说，亟须应用大数据积极创新招商模式与手段，拓展招商引资渠道，以企业信息为基础，跨越时间、空间与地域限制，深度挖掘招商资源，借助大数据提升引资效率与质量。

汇聚招商大数据

目前，越来越多的政府管理部门，开始通过建立集核心数据抓取、挖掘和分析于一体的招商大数据服务平台，获取各企业全景图像和动态投资信息。这些实时数据一方面来自互联网数据网站实时抓取，即通过数据爬虫，即时抓取全国各产业园区企业数据和部委数据等，另一方面也涵盖合作产业园区通过数据申报和数据采集得到的数据，由此建立翔实的招商数据库。

在该数据库中，管理部门可以快捷查询库中企业的全景信息，包括企业基本信息、投资信息、荣誉资质、知识产权、人才招聘、年报信息、交易信息、奖惩警示等，为其建立立体的企业画像。同时，通过企业图谱，能够快速查找目标企业基于企业间的投资、高管任职、专利、招投标、涉诉等关系，以一个企业为核心逐层向外探察而形成一个复杂的关系网络图谱，直观立体展现企业在商业活动中的各种关联，用于准确描述企业发展布局或发现企业群体风险。

故这一招商数据库犹如精准招商的"藏宝图"，管理员在这张图上即可快速按图索骥，实现"精确制导"。例如，合肥市瑶海区人民政府，此前经过重点梳理注册资本500万元以上的企业，并对其产业类型、业态、投资来源、经营范围等要素进行分析比对，结合区产业发展方向，从市场发展和行业前景等方面分析研判，找出区产业发展和企业投资需求的切入点，以及跟招商引资息息相关的商家，实现了项目的精准引进。

挖掘招商对象

对数据进行简单的收集与整合价值甚微，只有完成数据和信息的进一步分析和挖掘，从海量数据中提取出有效信息，才能使大数据发挥出应有的价值。在招商引资过程中，基于上述提及的招商数据库，通过建立适当的经济模型，判断企业发展状况，有效把握地方资源和企业的匹配度，针对特定的投资人进行需求分析，帮助政府及企业招商引资部门，精准地筛选出潜在投资企业。

同时，平台可通过产业信息分类、标签，通过匹配技术和算法为政府提供推荐标签，实现精准匹配。由此，在大数据的支持下，大大缩短了政府部门筛选合适对象、量身定制招商方案所花的时间，降低寻找招商线索的成本，从而快速提升招商效率，促进项目落地，使政府与项目、资本、人才、市场达到无缝对接。

落实招商途径

为了使招商数据库充分发挥作用，促成精准筛选的目标企业成功进入招商流程，必须在招商路径上下功夫。精准招商的核心在于目标企业的唯一性和确定性，为此首先需要紧盯目标企业，在通过数据库了解单位基本信息的基础上，同样需要通过实地考察，进一步明确其与招商项目的契合度。

在此基础上，招商部门需根据特定目标企业的实际情况，根据前期的数据采集与处理，精准策划重大项目，为其量身定制招商方案，详细说明项目概况、配套条件、政策支持、目标企业需求等情况，并实施小分队上门招商，从而更好地完成双向对接。

对于以上招商三部曲，以贵州省贵安新区为例，能够建立更为直观的认识。贵州省贵安新区目前已经完成审批云、监管云、监督云、招商云、证照云、分析云共"六朵云"的建设，实现数据资源"聚、通、用"。通过云建设，上接高端项目，下承应用落地，用数据为政务管理、地方发展服务。特别是在招商云上，招商部门可以快速获取各类企业信息。

在此基础上，招商负责人基于招商数据库，通过数据分析技术与算法，精准查找目标企业，并通过量身定制的招商方案，使招商快速落地。对于贵安新区这一国家级新区，在新能源汽车等方面需求与优势兼具。于是当其在招商过程中了解到北京电庄科技有限公司的投资需求后，主动与企业取得联系，并针对企业需求制定了招商方案。

最后，通过多次接触，贵安新区成功与北京电庄签订了战略合作框架协议。协议约定，北京电庄 2016—2018 年在贵安新区投资 100 亿元，建设"互联网＋新能源汽车全生态产业链合作项目"。在这个过程中，贵安新区专门为企业量身制作的项目招商专案发挥了重要作用，直接促进了整个计划的确定。

由此可见，目前招商模式正在发生变化，基于数据采集与分析处理，可实现由过去的"遍地撒网"的招商模式向精准招商转变，招商机制、招商方向、招商举措、招商队伍，都在向"精准"过渡。由此，招商部门也可将力量用在刀刃上，把精力花在关键上，真正实现有的放矢。

产业转型　智能制造

　　城市要发展，产业是关键。目前，大数据在加速向传统产业渗透，金融业、制造业、服务业等各行各业在其影响下，生产方式和管理模式不断变革，逐渐向网络化、数字化和智能化的方向发展，在实现产业转型升级的同时，产业淘汰、新兴产业的涌现此起彼伏。

　　在产业转型升级中，一方面，我们可以利用大数据帮助企业实现从粗放式发展转向精细化发展；另一方面，可以进一步帮助培育产业融合形态，依靠大数据并注重大数据和云计算、物联网、可穿戴设备、智能服务机器人、人工智能和虚拟现实等技术的融合应用。

　　就制造业而言，其可谓是大数据应用的主战场。根据《智能制造发展规划（2016—2020年）》的界定，智能制造是基于新一代信息通信技术与先进制造技术深度融合，贯穿于设计、生产、管理、服务等制造活动的各个环节，具有自感知、自学习、自决策、自执行、自适应等功能的新型生产方式。

其中，在中国实施制造强国战略的第一个十年的行动纲领——《中国制造 2025》中，更是将智能制造列为主攻方向，而大数据在智能制造中发挥着举足轻重的作用。

一方面，让生产方式个性化。在传统的生产模式中，企业是主导者，企业提供哪些产品与服务，用户就相应地购买这些产品。现在，在大数据技术的加持下，生产模式和商业模式趋于定制化，结合内部和外部数据，把社交数据中获得的客户反馈融入新产品研发中，针对用户需求决定企业生产的对象和规模，即以消费者数据为基础的消费者喜好和需求正倒逼产品的设计、研发、生产、供应链、营销等制造业供给侧的多个环节。

其中，在制造业就数据而言，可以将其分为内部数据和外部数据两大类：内部数据主要包括经营数据、营运数据、客户数据、产品设计数据、研发生产数据等；外部数据包括社交数据、合作伙伴数据、互联网商业数据等。在制造业的数据应用中，需要打通内外部数据，实现内部数据的整合和标准化，避免信息孤岛现象。

另一方面，大数据还能让研发设计知识化、生产制造敏捷化、生产管理透明化、产品售后服务化。随着智能制造的逐步建设，后期生产线上将安装数以千计的传感器，来监测各类生产参数，通过应用大数据技术的调整将显著提高生产效率、提升产品质量、降低生产成本。同时，大数据与供应链的融合，将更清晰地把握库存量、订单完成率、物料和产品配送情况等内容，进而提高反应速度、降低成本、优化库存。

目前，在智能制造方面，国内外多家知名企业已经走到了前列。比如，海尔在《中国制造2025》指引下，逐步探索出一条以互联工厂为核心的智能制造发展路线，建立起了模块化、自动化、数字化、智能化的智能制造技术体系。比如，针对模块化需求，一台冰箱原来有300多个零部件，现在在统一的模块化平台上整合为23个模块，以通用化和标准化、个性化模块的整合创新，满足用户个性化需求。

对于自动化，海尔着力于实现与用户互联的智能自动化，由用户个性化订单自动驱动自动化、柔性化生产；对于数字化，通过以iMES为核心的五大系统集成，实现物联网、互联网和务联网三网融合，以及人人互联、人机互联、机物互联、机机互联。最终让产品更加智能，同时整个工厂变成一个类似人类大脑一样智能的系统，自动跟人交互，满足用户需求，自动响应用户个性化订单。

　　在国外，自动驾驶巨头特斯拉汽车的生产则早已实现了自动化和数字化，可以说是智能制造的典型代表（图7.1）。在特斯拉的车间里，从原始材料到加工成品的组装，几乎全部生产过程和工作（除了少量零部件）都是自给自足的，也因此，这里被称为全球最智能的全自动化生产车间。同时，在四大制造环节中，即冲压生产线、车身中心、烤漆中心与组装中心，保守估计有150多个机器人参与工作。在这里，你几乎都看不到人的身影。

　　总体而言，数据对于制造企业的全流程来说至关重要。从产品设计到产品研发，依据对消费者消费行为的分析，可定位产品设计和研发需求；依据消费者对产品喜好

图 7.1　特斯拉车间

和需求量的分析，可实现精准的市场营销，确定产品的营销计划，有效控制产品库存。

同时，实现智能制造是需要循序渐进的，真正的智能制造涵盖了产品设计、研发、生产、物流、营销、客户关系等多个环节，其中云计算、大数据、物联网、人工智能等技术是实现数据的全流程打通的关键技术，也是智能制造智慧化的基础。

所以，在制造业中应用大数据推动创新，可以从以下几个方面入手：①重视数据资源的建设和共享；②重视数据分析算法模型开发；③提升增值服务能力；④坚持民生应用导向；⑤利用大数据的精准分析了解消费者的需求及服务着力点，最终实现企业和消费者的互利共赢。

数据引流　服务升级

在商业应用中，如何挖掘消费者需求，从而高效整合供应链满足其需求的能力，成了是否能够获得竞争优势的关键要素。数据化运营逐渐成为主流，依托大数据"基因"，可以重新定义"人、货、场"。具体而言，基于充足的数据样本分析和处理（包括购买情况、消费偏向、用户活跃度、平台数据和流量，以及信息回馈等），调研关键词和属性，准确描绘出用户画像，从而有针对性地进行数据引流，并进一步实现服务升级（图 7.2）。

　　用户画像，即用户信息的标签化，是企业通过收集、

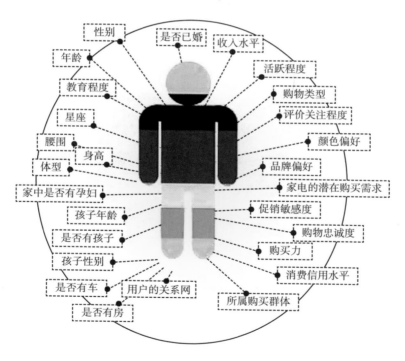

图 7.2　用户画像

分析用户数据后，抽象出的一个虚拟用户，可以认为是真实用户的虚拟代表。用户画像的核心工作就是为用户匹配相符的标签，通过多维度对用户特征进行构造和刻画，包括用户的社会属性、生活习惯、消费行为等，进而揭示用户的性格特征。

有了用户画像，企业就能真正了解用户的所需，使企业对用户精准定位成为可能。在这个基础上，依靠现代信息技术手段建立个性化的顾客沟通服务体系，将产品或营销信息推送到特定的用户群中，既节省营销成本，又能最大化地发挥营销效果。

比如，从微信、微博、今日头条等用户数据，以及各种活动数据、线上数据库、客户服务信息等爬取数据，并进行清洗整理。在此基础上，通过分类、聚点、回归分析、关联分析等对整理好的数据进行分析，进一步明确他的兴趣、职业、爱好等标签，实现用户标签化，并通过数据建模，构建用户画像，实现数据可视化分析。

特别是在零售行业中，一方面，通过大数据可以了解客户的消费喜好和趋势，针对不同产品发送推荐信息，进行商品的精准营销，降低营销成本。例如，记录客户的购物习惯，在客户生活必需品用完之前，通过精准广告及时提醒客户补货。另一方面，依据客户消费行为，为客户推荐可能购买的其他产品。例如，通过客户购买记录，了解客户关联产品购买喜好，将与洗衣服相关的产品，如洗衣液、消毒液、柔顺剂、衣领净等放到一起进行销售，提高相关产品销售额。

另外一个典型的案例是门店用户画像助推数据引流与服务升级。在门店运营中，通过门店用户信息标签化，即门店通过收集与分析消费者社会属性、生活习惯、消费行为等主要信息的数据之后，完美地概括出一个门店用户的消费特征。

门店用户画像为门店的精准营销提供了足够的信息基础，能帮助门店快速找到精准用户群体，并分析、挖掘门店用户需求。当基于门店用户需求去推送信息时，门店用户的接受度最大化，不但传播量扩大化，而且门店的转化成交量也能大大提高，从而提高门店的销售业绩。

那要如何抓取门店用户画像呢？我们都知道建立门店用户档案管理的重要性，通过档案记录，可以收集并了解门店用户的消费行为、消费偏好、消费习惯、消费能力等相关数据信息，帮助快捷锁定目标用户、挖掘门店用户需求，让营销的方向更精准，实现效益最大化。

门店用户画像的核心是标签。什么是标签？就拿车辆养护来说，你的门店用户处于哪个年龄段，喜欢什么样的车辆护理方式，偏好什么样的配件品牌等，知道了这些信息就能够给他打上相应的标签。

标签可以分为以下几类：①基础属性，如姓名、手机、居住地、工作地点、公司、家庭生活、朋友圈、性格等基本信息。②消费近度等基本信息。消费近度是指最近一次到店消费的时间，把门店用户区分为活跃的用户、沉睡的用户。③行为偏好，如上门时段、访问方式、品类偏好、品牌偏好等。访问的方式、时段数据的分析可以用于决定采用哪一种方式给门店用户推广告。④门店用户的消费偏好、消费时段、偏好品牌等。如有些门店车主喜欢在周末洗车，那你可以提前设置相应的套餐提供给客户进行选择，当车主进店后马上引导过去，既能提高效率和连带率，又能让用户感受到贴心的私人专属服务。⑤门店用户服务，如门店用户会员等级、评价等级、投诉记录、退换货金额等。⑥业务场景，门店用户 DNA 和店铺用户特权等标签。当贡献额比较大的车主用户进店时，店长甚至都要出面招呼以示尊重，还可以提供一些免费洗车、上门服务等高端服务。

最后，用标签为门店用户建模，包括时间、地点、人物三个要素，简单来说就是什么店铺用户在什么时间什么地点做了什么事。

如果能利用好门店的用户画像，就可以精准定位店铺目标用户，掌握门店用户需求、挖掘门店用户消费潜力，进行更有效的精准营销和个性化用户服务，为门店带来更多的进店率和成交率，提高门店的整体盈利水平。

此外，电商可以说是最早利用大数据进行精准营销的行业，电商网站内推荐引擎会依据客户历史购买行为和同类人群购买行为，进行产品推荐，推荐的产品转化率一般为 6%～8%。

风险控制　智慧金融

在金融领域，大数据为实现智慧金融提供了可能。智慧金融是依托于云计算、大数据、移动互联网、人工智能等技术，使金融行业在业务流程、业务开拓和客户服务等方面得到全面的智慧提升，实现资金融通、投资、风控、获客、服务的新型金融业务模式。智慧金融不仅是互联网与金融业的简单结合，而且是传统金融行业与互联网精神相结合而衍生出的新兴领域。

智慧金融最重要的三要素为平台、数据、金融。目前市场不只是平台之争，特别是近年来互联网呈现金融爆发式的增长，已经形成了平台、数据、金融相互交融的格局，只有通过大数据才能将平台、数据、金融等方面进行连接，大数据利用的是否合理也是未来市场数据之争的关键。

大数据在智慧金融的应用方向

金融企业是大数据的先行者，早在大数据技术兴起之前，金融行业的数据量和对数据的应用探索就已经涉及大数据的范畴了。如今随着大数据技术应用日趋深入，大数据理念渐入人心，金融机构在保有原数据技术能力的同时，通过内部传统数据和外部信息源的有效融合，能够在金融企业内部的客户管理、产品管理、营销管理、系统管理、风险管理、内部管理及优化等诸多方面得到有效提升。接下来我们介绍几种大数据的典型应用方向。

金融反欺诈与分析

在互联网经济的冲击下，各类终端、渠道经常遭遇各类的攻击，随着银行互联网化，银行在开展各类网络金融创新业务时，更是面临严峻挑战。然而，目前大部分欺诈分析模型都只是在账户有了欺诈企图和尝试之后才能够检测的，潜在的欺诈信号识别往往是比较模糊的。

对此，金融企业可以通过收集多方位的数据源信息构建精准全面的反欺诈信息库和反欺诈用户行为画像，结合大数据分析技术和机器学习算法进行欺诈行为路径的分析和预测，并对欺诈触发机制进行有效识别。同时与业务部门合作，进行反欺诈运营支持，并帮助银行构建欺诈信息库。最终，帮助银行提前预测欺诈行为的发生，准确获得欺诈路径，极大地减少因欺诈而造成的损失。

构建更全面的信用评价体系

如何进行风险控制一直是金融行业的重点，也是金融企业的核心竞争力之一，而完善的信用评价体系不仅可以有效帮助金融企业降低信贷审批成本，而且能有效地控制信贷风险。构建信用评价体系，绝对不能以单纯的贷款标准去衡量一个客户能否贷款、能贷到多少款，而必须融合外部交易信息和深入到行业中用行业标准衡量。大数据技术从以下三个方面帮助金融机构建立更为高效和精准的信用评价体系。

（1）基于企业传统数据库丰富的客户基础信息、财务和金融交易数据，结合从社交媒体、互联网金融平台获取的客户信用数据，构建完备的客户信用数据平台。

（2）利用大数据技术，融合金融企业专业量化的信用模型，基于互联网的进货、销售、支付清算、物流等交易积累的信用，对企业的还款能力和还款意愿的评估结论，以及行业标准还原真实经营情况，对海量客户信用数据进行分析，建立完善的信用评价模型。

（3）应用大数据技术进行信用模型的分布式计算部署，快速响应、高效评价、快速放款，实现小微企业小额贷款和信用产品的批量发放。

比如，针对农户贷款，目前福建农行让农民凭借自身的信用"贷"来真金白银，不仅可快速办完贷款，更让普惠金融商业运作可持续。福建特色农业优势明显，但受丘陵地貌限制，农业种养规模都不大，农户小额贷款存在涉及面广、对象分散、笔数多、额度小、工作量大的难题。

为此，福建农行在全国创新推出互联网小额农户贷款产品"快农贷"，依托互联网和大数据技术，融合金融征信、政务信息、农产品市场交易记录、信用村记录等多方面信息，科学设计信贷授信模型，实现农户贷款规模化、标准化、自动化。

2018年6月，全省农行"快农贷"余额46.6亿元，支持约5万户农户。用现代技术手段来做传统信贷业务，实现了"快、准、惠"，有效破解了农户"担保难、融资难、融资贵"的问题。

高频交易和算法交易

我们以高频交易为例，交易者为获得利润，利用硬件设备和交易程序的优势，快速获取、分析、生成和发送交易指令，在短时间内多次买入和卖出。现在的高频交易主要采取"战略顺序交易"，即通过分析金融大数据，以识别出特定市场参与者留下的足迹。

在这个过程中，将大数据与人工智能技术充分结合，更能达到事半功倍的效果。中信建投证券研究发展部发布的研究报告指出，国内外人工智能技术的量化基金表现优异。在国外，高频程序化交易Virtu Financial，在1238个交易日中只有1个交易日出现了亏损；从2009年使用了人工智能技术的对冲基金Cerebellum以来，没有一个月是亏损的；第一个以人工智能驱动的基金 Rebellion 成功预测了 2008 年股市下跌。在国内，目前实用人工智能驱动的量化交易尚在起步阶段。

产品和服务的舆情分析

随着互联网的普及和发展，金融企业不仅将越来越多的业务扩展到网上，客户也越来越多地选择通过各种网络渠道来发声。金融企业的一些负面舆情迅速在网络平台进行传播，可能会给金融业乃至经济带来巨大的风险。

金融机构需要借助舆情采集与分析技术，通过大数据爬虫技术，抓取来自社交渠道与金融机构与产品相关的信息，并通过自然语言处理技术和数据挖掘算法进行分词、聚类、特征提取、关联分析和情感分析等，找出金融企业及其产品的市场关注度、评价正负性，以及各类业务的用户口碑等，尤其是对市场负面舆情的及时追踪与预警，可以帮助企业及时发现并化解危机。同时，金融企业也可以选择关注同行业竞争对手的正负面信息，作为自身业务优化的借鉴，避免错过商机。

客户风险控制

传统金融的风险控制，主要是基于央行的征信数据及银行体系内的生态数据依靠人工审核完成的。在国内的征信服务体系不够完善的情况下，互联网金额风险控制的核心在于依靠互联网获取的大数据，如 BAT 等公司拥有大量的用户信息，这些数据可以用来更加全面地预测小额贷款的风险。

在企业数据的应用场景下，人们最常用的主要是监督学习和无监督学习模型，在金融行业中一个天然而又典型的应用就是风险控制中对借款人进行信用评估。因此，互联网金融企业依托互联网获取用户的网上消费行为数据、通信数据、信用卡数据、第三方征信数据等丰富而全面的数据，借助机器学习的手段搭建互联网金融企业的大数据风控系统。同时，通过智能获客模式，可对客群进行需求分析和风险预估，基于对用户的需求、信用、风险层面的判断，以及和产品之间的匹配，进行精准画像，提供"千人千面"的服务，一方面提供个性化服务，另一方面降低获客成本。

除了在放贷前的信用审核外，互联网金融企业还可以借助机器学习在放贷过程中对借款人还贷能力进行实时监控，及时对后续可能无法还贷的人进行事前的干预，从而减少因坏账而带来的损失。

精准扶贫　个性定制

精准扶贫主要针对粗放扶贫而言。过去，在实施粗放扶贫的过程中，同时面临难以精确识别贫困人口、难以精准帮扶贫困人口、难以精确采集遍访数据，以及扶贫实施成果难以精确监测等难题。

精准扶贫通过精准识别、精准帮扶、精准管理和精准考核等环节，以实现扶贫资源的优化配置。在精准扶贫的过程中，需充分发挥大数据的力量，用大数据找出确实需要帮扶的贫困人口，把致贫原因摸清楚，将帮扶措施落实到位，进行扶贫和成果评估。

基于大数据分析，精确设定扶贫目标

目前，各级政府不断加大对扶贫工作的支持力度，用于扶贫的财政投入与日俱增。但是在具体的操作过程中，项目怎么定、资金如何用、工作怎么做等都是扶贫工作者需要统筹规划的重点工作。

在这个过程中，大数据发挥着越来越重要的作用。通过建设大数据精准帮扶平台，对扶贫数据进行实时动态监测和分析研判，扶贫工作者既能找准脱贫的主体、重点和关键，也能评判扶贫项目是否真正做到科学合理、精准到位，从而将扶贫资金与宝贵资源精准投放到真正的贫困户。

基于大数据分析，准确定位扶贫对象

扶贫必先识贫，确定了扶贫目标，首要的难点就是如何解决好"扶持谁"的问题。由于贫困具有多维度、复杂性和动态变化等特点，精准地识别出"真贫"困难重重。为了解决这一难题，越来越多的政府扶贫部门开始通过大数据精准扶贫平台与服务系统的建设与应用，将收集的扶贫对象数据进行共享、整合并录入系统存档。

在以大数据技术建立的精准扶贫系统中，可以查找和呈现扶贫对象的全面信息（包括贫困人口数量、地区分布等宏观信息，以及扶贫对象个人的家庭情况、受教育程度等具体信息），进行多方分析、比对以及需求评估，使扶贫对象成为一个立体对象，真正筛选出需要帮助的贫困对象。同时，通过进一步整合民政、财政、残联、社保、房产等部门数据，打破地区、部门之间的"信息孤岛"，让分散的碎片化信息实现联网、整合。

以贵阳市为例，该市通过上线大数据精准帮扶平台，整合了各类行业数据，建设了统一的扶贫数据库。截至2017年7月，该数据库已累计汇总数据691.3万条，其中，低收入困难群体的扶贫数据近52万条。在此基础上，通过建立"贫困人口识别模型"，把多个相关部门的业务数据和传统贫困人口"两公示一公告"的识别模式相结合，进而快速、精准识别低收入困难群体。

基于大数据分析，精准帮扶贫困用户

在确定具体帮扶对象后，可以大数据技术，通过解析多维状态的贫困表现及致贫原因，挖掘出隐含致贫原因和"真贫"需求，从而帮助决策者有针对性地执行扶贫措施，更好地实现供需相匹配的精准扶贫。

比如，在重庆移动打造的精准扶贫系统中，一方面为扶贫干部提供了新闻公告、扶贫政策、到村签到、工作台账、案例分享、贫困户查询等十余项功能，使其更好地了解扶贫对象；另一方面，也为贫困户打开信息化窗口，帮助他们及时获取惠民政策。

同时，在具体扶贫工作中，通过跟踪扶贫政策执行和资金使用情况，可在大数据技术分析处理的基础上，对扶贫工作进行动态预警与精准管理，据此进行追踪预警与决策优化，实现可保障扶贫政策精准到位和扶贫资金有效使用的精准管理。

基于大数据分析，具体评估扶贫效果

如何评估精准扶贫的成效，这需要将评估内容具体化为各类指标，实现精准考核。在这个过程中，可以在扶贫信息管理系统中嵌入一套扶贫考核指标体系和数字化考核系统，并在整合多元化数据的基础上（如某地贫困人口数量占该地区人口总数的百分比的下降率、贫困人口所获得的社会服务的类型统计等），利用大数据技术对相关数据进行萃取整理与分析建模，从而对考核结果实施动态监控和全过程量化考核。

基于此，管理部门在真实评估上一阶段的扶贫效果的同时，根据现阶段的直观、可观的扶贫数据，为下一阶段的扶贫目标、方法、重点和资金投入等提供信息服务和参考，从而更好地保障帮扶政策实施精准到位，切实帮助贫困用户脱贫。

在《中国扶贫》2017 年第 5 期中，曾记录了国务院扶贫办收集整理的 12 则精准扶贫典型案例。其中，十八洞村是湖南省的一个纯苗族村，2013 年，有 225 户、939 人，人均耕地仅有 0.8 亩（1 亩 ≈ 0.067 公顷），人均纯收入仅为全县平均水平（4903 元）的 41%，有建档立卡贫困户 136 户、贫困人口 542 人，贫困发生率高达 57.7%。

2013 年，习近平总书记考察十八洞村，在这里首次提出了"精准扶贫"的重要思想，做出了"实事求是、因地制宜、分类指导、精准扶贫"的重要指示，并提出十八洞村"不能搞特殊化，但不能没有变化"的要求。自此，十八洞村进入了精准扶贫、精准脱贫的快车道。

几年下来，十八洞村实施精准扶贫、精准脱贫主要做了三件事：一是选好第一书记、建强村党支部。村班子很快梳理出发展思路，基于大数据分析，精准识别贫困户，逐户制定脱贫措施，逐项论证发展项目。二是多方筹集资金 2713 万元，用于改善基础设施和公共服务。拓宽硬化了 3 千米的进村道，在村内修起游道和护栏，修通了供水主管道解决了村民生产生活用水，完成了房屋改造、改厨、改厕、改浴、改圈，实现了广播电视户户通，维修和改造了两所小学，建成了两个村卫生室。三是因地制宜、精准发展特色产业。特色种植业，重点发展烤烟、猕猴桃、野生蔬菜、冬桃、油茶等种植；特色养殖业，重点发展湘西黄牛、养猪和稻田养鱼；特色加工业，重点发展苗绣织锦；特色乡村旅游业，以自然景观、民俗民风为依托，开办了

8 家农家乐。

　　三年时间，十八洞村发生了可喜变化。全村人均纯收入由 2013 年的 1668 元增加到 2016 年的 8313 元，年均增加 2215 元，年均增长 130%。十八洞村全部贫困户实现脱贫，贫困村摘帽。

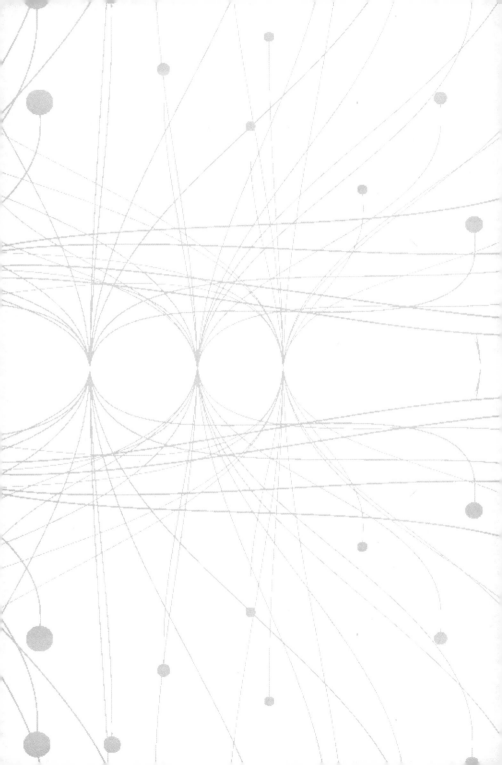

第八章
大数据服务民生福祉

　　数据无限，价值有形。无论是数据的采集、清洗，还是后期的处理和分析，其落脚点在于为民服务，在各种民生问题中，大数据应用直接关系群众的切身利益，亟须充分利用大数据的技术力量，消除"数据孤岛"，为社会安全、智能交通、智慧环保、智慧医疗、教育应用等提供支撑，更好地服务于民生福祉。

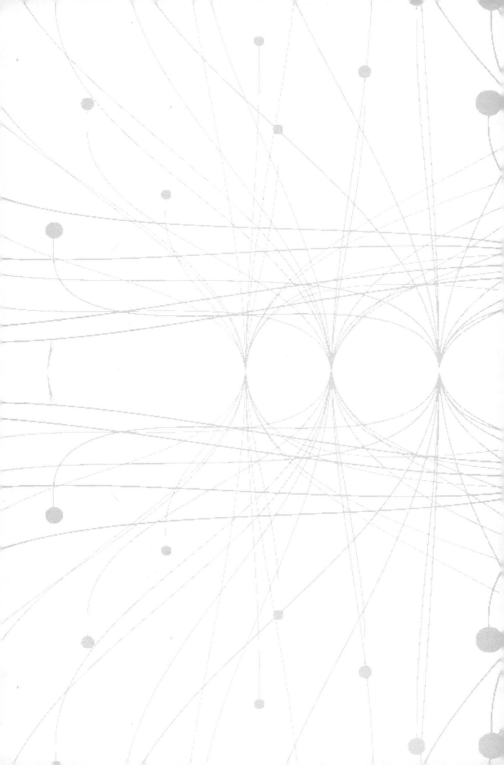

大数据守护下的社会治安

《商君书·去强》有云："强国知十三数：竟内仓、口之数，壮男、壮女之数，老、弱之数，官、士之数，以言说取食者之数，利民之数，马、牛、刍藁之数。欲强国，不知国十三数，地虽利，民虽众，国愈弱至削。"通俗言之，就是国家治理离不开粮仓、人口、牛马等风土人情物产信息，强国治国，首先必须基于"国十三数"这一国情。由此可见，商鞅是最早的以数据治国的先行者。

社会治安防控作为治国中必然需要面临的关键问题，目前在大数据的加持下，逐渐向信息化的方向发展，并在悄然改变国家治理的生态。大数据时代，公安机关通过全面采集和整合海量数据，对数据进行处理、分析、深度挖掘，发现数据的内在规律，为预防、打击犯罪提供强有力的支撑。以大数据推动公安信息化建设，是提高公安工作效率的重要途径，也是公安信息化应用的高级形态。

整合数据资源，统一分析研判

过去，对于小偷惯犯，公安警务人员往往需要长时间跟踪，才能发现蛛丝马迹。现在，在大数据普遍应用的环境下，小偷的一举一动都极有可能留下数字痕迹。比如，通过支付平台，发现一个人每天都在 30 辆公交车之间转来转去，就不难发现这个人的可疑之处。这正是数据资源在治安防控不容忽视的力量，在大数据技术的滋养下，以数据治理创新社会治安防控体系适逢其会。

在治安管理过程中，政府职能部门可广泛采集流动人员、暂住人口、访客人员、车辆及重点要素销售信息等大数据，形成覆盖全社会的数据网络，并借助大数据管理和分析平台，开展海量数据的收集、整理、归档、分析、预测，从复杂的数据中挖掘出各类数据背后所蕴含的、内在的、必然的因果关系，找到隐秘的规律，做到实时追踪、实时研判、实时处置，破除事先预防管理难、第一时间发现难、案件发生后侦破难这三大难题。

美国 PredPol 公司推出了一个犯罪活动预测平台。它的主界面是一张城市地图，看起来与百度地图相近，也就是类似我们的警务地理平台。它会根据某一地区过去的犯罪活动统计数据，借助算法计算出某地发生犯罪的概率、犯罪类型和最有可能犯罪的时间段，并用红色方框标出需要高度警惕的重点区域。执勤警员可以通过电脑、手机等进行在线查看。由此，通过有针对性的巡逻防范，实现对犯罪信息分析预测的智能化。

在国内，也有很多城市服务类应用，如"我的南京"作为一款集成南京各类生活信息的城市级公众服务移动应用，整合了政府相关部门和公众事业单位的相关服务资源和权威信息，不仅可以为公众提供个人密切相关的信息，还可以提供有关生活、医疗、交通、旅游、便民、政务、资讯、办事等方面的信息服务（图 8.1）。

"我的南京"是实名认证的手机 App 应用，用户提交的个人信息需要与后台数据库验证吻合后才能注册成功。注册成功后进入"我的"频道可轻松便捷地查看公积金、社保、纳税、个人信用、驾照和车辆违章等个人信息服务，也可实时查询家庭的水费、电费、燃气费使用情况等生活类信息服务，充分体现了以人为本的服务理念。

图 8.1 "我的南京"App 首页图

用户不需要注册就可以使用"城市"频道,"城市"频道提供了与城市相关的各类服务信息,包括交通出行、医疗服务、旅游服务、政务服务、社区服务、公益服务等,同时还提供了本地天气预报和实时空气质量指数等城市类信息服务。进入"南京资讯"频道,可以查看南京快讯信息,如发改快讯、民生资讯、便民服务等,还可以查看政府公开文件,如市政府文件、市政府办文件、政策解读、公示公告、政府公告、信息公开年报等，并为企业和个人开通了在线服务与互动交流，涵盖社会保障、创业就业、审计信息、市场监督、质量监督、社会组织等多个重点领域（图8.2）。

图 8.2　"南京资讯"频道界面图

目前，"我的南京"移动终端软件有 Android、iOS 两个版本，在手机端应用商店可下载。其另一特色是提供了丰富灵活的智能语音服务，用户对着手机说出需要搜索的内容，通过语音的智能分析，马上就可以得到所需要的内容，搜索反应快速且内容反馈准确，让更多的终端用户得到城市智能门户带来的便捷操作体验。同时，还为每一位注册的实名制用户提供 50G 的个人云箱免费空间，用户可以将自己的文件、相册、视频等存放到私人的云箱，还可以将手机上的通讯录、短信在云箱里备份，享有随时随地获取云箱文件和数据的便利。

此外，在 Video 云视频技术的支持下，用户还可以通过 App 上的"路况大数据"功能，查看南京主干道实时路况。在此之前，智慧南京中心已经应用 cVideo 云视频监控系统，实现了与交管局、交通局、公安局、城市高点监控、道路图像监控"320"工程等现有视频监控平台的对接，为安保、交通、环境监测、应急指挥等多个领域提供强大的视频讯息（图 8.3）。

"我的南京"应用终端还将进一步建立社交体育信息服务（整合体育场馆、俱乐部、会员、教练等资源，搭建集健身、交友、购物于一身的体育社交平台）、智慧医疗信息服务（将患者、医护人员、医疗机构等角色统一纳入，建立最贴近市民需求的健康保障系统）、政务公开信息服务、智能交通出行规划、在线支付平台对接、地理位置服务等。

图 8.3　"我的南京"城市智能门户监控和分析平台

整合部门力量，统一调度处置

在治安管控中的大数据建设中，需要整合网络平台和部门力量，避免"数据孤岛"，提供集中资源、集中管理、集中监控和配套实施统一的大数据应用环境，为全局社会治安实际应用提供支撑、服务和保障。为此，目前不少地市致力于打通综合治理信息平台，实现网络信息共享平台全覆盖，充分整合公安、司法、民政、卫计、林业、国土等部门数据资源和信息，实现与部门行业互通、互联、共享，统一联动、统一指挥，从而提高应急处理能力。

2014 年，江苏省开发了全省综合治理信息系统，实现省市县镇村五级覆盖，包含 10 个基本业务模块和 5 个辅助模块。2015 年 10 月，通过统一部署，进一步建成了综合治理信息系统，覆盖全区 12 个街道和 106 个社区。目前南京市已经接入省综合治理信息系统，重点打造秦淮区大综合治理系统，构筑一套完整的工作体系与工作流程，提供统一的数据采集通道、信息展示渠道、信息处理中心和指挥协调中心。

秦淮大综合治理建设在江苏省综合治理信息系统的基础上，进行业务功能拓展和业务深度应用，主要集中于以下五个建设重点：一是重点部门实现资源整合，实现部门间数据的共享共用；二是重点区域或场所的管控，如通过智能视频技术，实现对商业街道、重点河道、小区、人员密集场所的视频监控；三是重点人员的管控，基于现有数据与人像识别技术，实时掌控重点人员的动态；四是重点敏感问题的预防；五是市民重点关心的问题，如停车难、空气污染、黑臭河、治安等多种问题，逐步实现多方面的城市精细化管理。

值得一提的是，在进行城市综合治理与平安建设的过程中，对道路交通与行人的实时全景监控已经日渐成为前提与基础。为此，在2018年数字经济大会发布的智慧路灯伴侣，提供了解决之道。智慧路灯伴侣通过6个摄像头，可以对道路与行人进行360°无死角监控，并在其平台上进行实时展示，为管理人员进行实时巡检提供服务。

与此同时，集成多种传感器的智慧路灯伴侣，能够实时动态监测$PM_{2.5}$、PM_{10}等空气污染变化，动态分析城市污染发展过程，实现污染源定位与防治。此外，也能提供应急充电、流量监控、便民信息互动等多种功能，有助于实现路线查询、呼救响应，便于查找走失人口和犯罪嫌疑人。

毋庸置疑，随着类似于智慧路灯伴侣的应用不断涌现，未来平安城市建设中的应用场景将日趋丰富，进而进一步帮助实现公安、城管、交通、环保等城市管理升级，加强治安管控，打击违法犯罪，同时跟踪环境变化，使得城市管理更安全、更有序、更便捷。

融入人工智能的智慧交通

针对传统交通应用核心技术能力薄弱、资源整合不够、难以发挥整体系统功能的弊端，智能交通作为未来交通的发展方向，通过应用电子警察、卡口和交通信号控制灯等，借助信息技术、电子传感技术、数据通信技术，建立实时、准确、高效的综合交通运输管理系统。

在交通领域，海量的交通数据主要产生于各类交通的运行监控、服务，高速公路、干线公路的各类流量、气象监测数据，公交、出租车和客运车辆 GPS 数据等，数据量大且类型多，数据量也从太字节级跃升到拍字节级。在广州，每日新增的城市交通运营数据记录数据超过 12 亿条，每天产生的数据量为 150~300GB。

耶鲁大学法学院丹尼尔·埃斯蒂教授指出："基于数据驱动的决策方法，政府将更有效率、更加开放、更加负责，引导政府前进的将是'基于实证的事实'。"在大数据时代，大数据技术推动智能交通迈向全面信息化，通过数据集成与挖掘应用，为政府推动智能交通落地实施提供重要参考。

智能路况分析，提高道路效率

通过综合应用通信技术、传感技术、控制技术、信息技术、人工智能技术等，可打造全面实时的公路监控系统，通过各功能系统快速地采集来往车辆和行人等多样化数据，并提供数据的查询、分析处理等应用，为交通管理与交通信息服务提供支持。比如，依托于大数据分析处理技术，交通管理部门可实时掌握事故、施工和实时的路面状况，也可获取雨雪、大雾等天气情况，发布到相应的移动出行终端上，方便市民规划出行时间、最佳路径和交通方式等。比如，通过实时获取拥堵路段、拥堵时间等大数据建设道路交通指数，就能快速找出规律，并进行预测，为城市交通管理提供依据，最大限度地提高道路通行效率。

比如，阿里巴巴正在打造治理城市的超级人工智能——城市大脑，通过采用阿里云 ET 人工智能技术，实现对城市的全局实时分析，自动调配公共资源。目前，通过各类数据感知交通态势，优化信号灯配时，阿里云 ET 城市大脑已经帮助试点区域通行时间减少 15.3%，主要高架出行时间每辆车平均节省 4.6 分钟。

智能行为分析，助力违法监测

在道路监控中，通过融入图像智能分析算法等人工智能技术，借助智能交通平台，在精确识别车辆颜色、车型、车牌等属性的同时，也能对驾驶员的行为（包括是否系安全带，是否有接打电话等）进行监测分析，有助于遏制事故源头，并为交警执法提供参考与技术保障。

比如，阿里云 ET 的视频识别算法，使城市大脑能感知复杂道路下车辆的运行轨迹，准确率达 99% 以上。此外，城市大脑可融合高德、交警微波和视频数据去感知交通事件，包括拥堵、违停、事故等，并触发机制进行智能处理。在主城区，城市大脑日均事件报警数达 500 次以上，准确率达 92%，大大提高了执法指向性。

智能研判分析，提供决策依据

在很长一段时间里，我们对于采集的各种交通数据，大多停留在简单的"查看"阶段，更多时候是为事后分析提供佐证。现在，通过运用云计算、大数据、人工智能等技术，建立城市卡口系统对接的交通数据智能研判系统，不仅可为事后深度分析提供依据，更为重要的是，可在事前跨区域、跨部门集成和整合数据与资源，对交通行为或事件进行预警预知，为治安、刑侦、交管等业务部门优化提供决策依据，更有助于事中快速响应。

例如，针对城市中红绿灯控制问题，清华大学博士刘鹏教授带领研发团队，目前正在运用 AlphaGo 的思路，基于南京市的交通流量状况，充分应用数据与算法的合力，进行红绿灯动态配时，未来将大大缓解交通拥堵问题，提升道路通行效率。

此外，在滴滴智能交通云平台上，通过整合传感器数据、静态道路数据、道路事件数据，以及滴滴的交通出行量数据、司机数据、GPS 轨迹数据、运力数据等，实现区域热力图、交通出行量数据分析、城市运力分析、城市交通出行预测等，为城市公共出行提供重要参考。

网格化监测的大数据环保

在环境保护和治理中，为了使生态环保大数据发挥最大作用，亟须通过广泛部署的传感设备，实时采集与更新监测数据，打造一张"环保网"，实现网格化监测，快速确定污染来源，并进行溯源治理。

大数据与环境监测

下面列举大数据与空气监测、大数据与地震监测两个方向的案例，从不同的角度剖析大数据与环境监测之间的联系。

大数据与空气监测

对于环境监测与治理，一方面需要应用大数据技术，明确是谁在污染，便于从源头进行防治；另一方面，在找出污染源之后，需要管理部门严肃执法，实现高效的监管治理。近年来，随着《中华人民共和国环境保护法》的进一步落实，以及不断加大的执法力度，严肃执法已经不是症结所在，而污染溯源却成了亟须解决的难题。

在环境保护中，用好大数据是一门必修课。其中，环境监测是与大数据关系最为密切的环节，这也是大数据技术在环保领域应用的起点。广泛采集大气数据、气象数据、水质数据等各种环保数据，才能在环境保护中切实地"用数据说话"。

环境污染面临排放负荷大、复合型大气污染突出等问题。为了定性、定量地监测分析污染物因子，需要应用大量的监测设备与感知终端，但是随着部署规模的不断扩张，监测成本将会急剧攀升，必然成为限制应用的一大瓶颈。

对于 PM$_{2.5}$ 这一典型问题，目前环保部门一般通过建设大气监测站进行管控，虽然数值准确，但成本高，难以大规模部署监测站点，因此，国控、省控等各级监测点位数量有限，成为传统监测方法的一大挑战。从 2011 年，云创大数据开始试点大规模网格化部署 PM$_{2.5}$ 云监测节点，使用高精度的进口传感器采集数据，并上传到后台的数据处理平台进行分析与展示，动态跟踪、定位环境污染源及其污染过程，改变我们在大气监测中的被动局面。目前，在全国部署的 PM$_{2.5}$ 云监测节点已经达到 5309 个。

此后，在昆山千灯环保空气在线监测平台上，通过在园区布设的 80 个监测点（每个节点可监测 4 种主要污染指标，每个节点监测指标不尽相同），实时监控工业区内各企业的氯化氢、二氧化硫、环氧氯丙烷、所有室内有机气态物质、甲醇、丙酮、氨气等有害物质含量。迄今为止，该平台投入使用已经超过 5 年，在管理部门的有效指导与管理之下，工业园区和昆山的空气污染得到了显著控制。

同时，在环境云－环境大数据开放平台（www.envicloud.cn）上，通过对历史环境数据的挖掘与分析，可以发现某些环境数据之间的相关性，比如地震前后的天气变化、气象条件对大气污染物扩散的影响等。通过总结这些环境数据的规律，可以更好地建立环境数据模型，从而提高环境数据预测的准确性。

大数据与地震监测

除空气监测之外，地震监测也是重中之重。如果采用传统做法，建设密集台网对于资金和人力都有较高要求，而高新 MEMS 传感器技术、新型传感器技术、移动互联网和传感器网络技术，为地震预警和密集地震观测台网带来了低廉的、可靠的、智能的新型地震观测设备。这些设备不仅适应地震预警的需要，而且随着技术不断完善，它还将不断发展，进一步适用于实时地震观测的需要，其成本是传统地震仪的 1/20。

目前中国地震局正在测试使用具备地震预警功能的环境猫室内环境探测器进行网格化监测布局。图 8.4～图 8.6 是四川成都高新减灾研究所等单位生产的 MEMS 地震预警台站设备，以及环境猫室内环境探测器。

图 8.4 四川成都高新减灾研究所生产的 MEMS 地震预警台站设备

图 8.5　MEMS 地震预警台站设备　图 8.6　环境猫室内环境探测器

大数据与环境治理

在环境治理过程中，通过广泛监测各种环境数据，基于数值模型源示踪和过程分析技术，对污染物分布及其演变规律进行实时模拟计算，分析不同重污染过程中污染物的演变规律，研究不同来源对污染物浓度的贡献，从而获得对于各类主要污染物的浓度、来源、去向的解析与跟踪，并为环境治理提供重要的参考依据。

比如，基于广泛精准的数据采集，应用大数据技术和深度循环神经网络（DRNN）等，可为实时监控、污染溯源、污染过程演化、精细化预报、精确监管、发布服务等提供有力的技术支撑，建立集环境监测、预警、溯源于一

体的建设体系，为环保部门实现网格化、精细化和科学化
的环境监管发挥重要作用（图 8.7）。

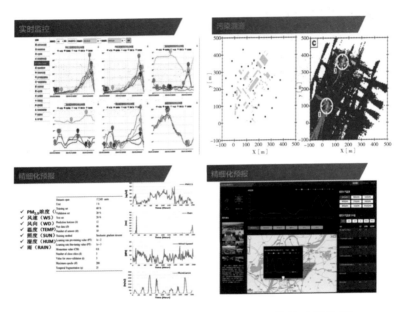

图 8.7 集环境监测、预警、溯源于一体的建设体系

就河流管理保护而言，这是一项涉及上下游、左右
岸、不同行政区域和行业的复杂工程。近年来，一些地区
积极探索河长制，由党政领导担任河长，依法、依规落实
地方主体责任，协调整合各方力量，以促进水资源保护、
水域岸线管理、水污染防治、水环境治理等工作。

基于此，智慧河长项目以江苏省《关于全面推行河长

制的意见》为指导，开发了"智慧河长"水质监控预警系统，市、镇（街道）分级管理，整合现有各种基础数据、监测数据和监控视频，利用传输网络快速收敛至监控预警系统，面向各级领导、河长、工作人员、社会公众提供不同层次、不同维度、不同载体的查询、上报和管理系统（图 8.8、图 8.9）。

具体而言，通过网格化监测监控、数据可视化呈现、大数据挖掘与分析手段，实现河流、湖泊水质的实时监控预警，辅助各级河长了解所辖河道基础信息，包括重点监控企业按照直排和污水处理厂分类分布、污水处理厂分布情况、水质现状简报、河长指示牌分布、采砂等所辖河道

图 8.8　智慧河长应用首页

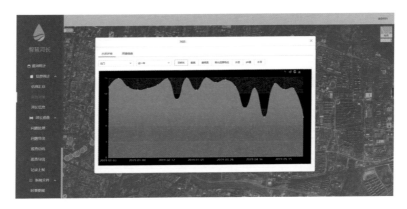

图 8.9　河道水质查询

水环境治理工作方案和进展情况，通过建立河道档案和治河策略，形成"一河一档""一河一策"，辅助各地河长全面推动河湖生态环境保护与修复，以改善河湖水质和水环境，促进经济社会与生态环境协调发展。

大数据与人工智能支撑下的智慧医疗

当前，大数据在医疗领域得到了广泛应用，在疾病治疗、临床研究、新药研发、传染病疫情预警等医学、医药卫生领域，无不涉及数据的搜集、管理与分析需求。在智慧医疗的建设中，旨在依托大数据与人工智能技术，进一步减少医生的工作量，缓解目前医疗资源不足和不均的现状。

以立体数据库整合医疗资源

在大数据与医学的结合应用中，通过充分利用医学大数据的资源，建立医疗健康网络的平台和健康档案数据库，为疾病诊治和医学研究等提供极大的便利。在患者就医过程中，通过调用电子病历、健康档案等个人信息，提供患者的全面健康指标信息，帮助医生快速准确地实现疾病诊治，进一步提高诊疗质量。与此同时，可为市民提供网上预约分诊、检查结果共享互认、医保联网异地结算等便民、惠民应用。

此外，在健康档案数据库的基础上，通过集成医学大数据资源，构建临床决策、疾病诊断、药物研发等支持系统，进一步拓展公共卫生监测评估、传染病疫情预警等应用，帮助医务人员在"算数、识数、用数"的基础上，进一步做到"预识、预警、预防"。

电子病历、居民健康档案等医疗卫生大数据的采集、挖掘和利用，提高了医疗机构临床决策智能化水平和远程病人监控精准化水平，提升了卫生部门公共卫生和公众健康监控的效率，缩短了科研机构医疗药品研发周期，为全社会防控大规模疫情发生、优化医疗资源配置、保障人的健康提供了有效的决策依据。

基于医疗大数据的 AI 诊断

目前，以人工智能技术提早识别和诊断疾病已经并非新鲜事。此前，通过哈佛医学院和麻省理工学院应用深度学习算法对乳腺癌的研究可知，在对肿瘤的判定评分中，一名病理学家的准确率为 73.3%，而 AI 的准确率可高达 96.6%。如果能将 AI 预判作为前期的医疗辅助手段，为医生后期诊断提供重要参照，预测的准确率有望达到 99.5%。

举例说明，如图 8.10 所示，在乳腺癌的检测与诊断过程中，将大量的病理切片图像分为训练集与测试集，其中训练集数据用于深度学习训练，使其获得识别病变区域以及健康区域的能力，而测试集用于进一步判断检测准确率。通过不断地训练与测试，用于癌症检测的人工智能系统将逐渐提升识别癌症的能力，此后即能以热点图的方式将病变区域标识出来。

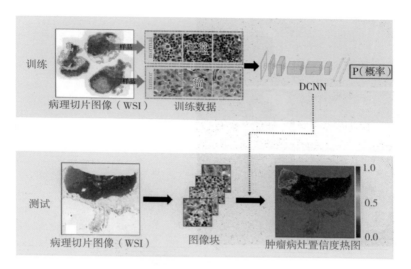

图 8.10　AI 癌细胞检测流程

目前，在可广泛用于图像识别、语音识别和语言翻译等领域，最大可提供每秒 176 万亿次单精度计算能力的深度学习一体机的应用基础上，通过病理切片的训练，以深度学习预测前列腺癌的准确率已经达到 99.38%（在二分类下）（图 8.11）。目前，正在从二分类向多分类发展，从有无患癌确定到癌症恶性等级和严重程度划分细化。

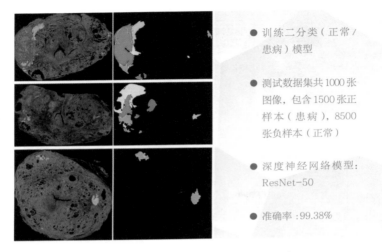

- 训练二分类（正常/患病）模型

- 测试数据集共1000张图像，包含1500张正样本（患病），8500张负样本（正常）

- 深度神经网络模型：ResNet-50

- 准确率：99.38%

图 8.11　前列腺癌的智能识别

大数据与教育

大数据的出现，改变了传统的教育模式与方法，可分别为师生提供个性化的教学方案与学习方案，更好地推动个性化教学与精准教学，有助于因材施教，甚至直接推动教育变革的实现。

"深度互联＋人工智能"呼唤教育 3.0

人类社会已经进入深度互联时代。环境的变革迫使教育做出相应改变，书本教育、课堂教育正在面临变革。与此同时，人工智能的技术革命正在席卷全球。从现在开始的阶段，我们可以称为第四次科技革命。

在"深度互联 + 人工智能"的背景之下，教育 3.0 应运而生，并以下面六个转变作为最根本的特征。

（1）从集中式学习到分布式学习。集中的教室学习已经不再是必要条件，通过网络学习和考试成为可能。例如，观看内容优质的公开课，其学习效果较好。大型开放式网络课程热潮正席卷全球。

（2）从被动式学习到自主式学习。发展一种模式，基于大数据和人工智能技术，采用智能教学、防作弊的在线考试，充分调动学生的兴趣，让学生从原来坐在教室里被动地听，转变为通过网络主动要学。

（3）从参与式学习到沉浸式学习。目前，虚拟现实和增强现实技术已经逐步成熟。如果将这种直观生动的互动方式应用到教学中，使学生由参与式学习过渡到沉浸式学习，教学效果将会大幅提升。

（4）从人工式学习到智能式学习。人工智能可以解决很多教育问题，比如只要一个教学平台，同学即可与机器人进行互动，当遇到机器人无法解决的问题时再请教老师，这样可以节省很多时间和成本。美国曾有大学使用机器人当助教，竟然大半年都没被发现。

（5）从批处理到个性化。目前教师授课还是"一对多"的批处理，但是应用大数据分析技术和人工智能之后，可以借助机器学习与不断完善的数据库，根据学生个体的特点进行特定辅导，从而实现从批处理到个性化的转变。

（6）从学知识到学能力。很多人抱怨在大学学的知识用不上，不少计算机专业的学生甚至在毕业后还要参加半年的培训班才能找到工作。这是因为他们在学校学的是知识，而不是能力，只有当学生能够发现问题、解决问题，快速完成某项任务和目标时，才算获得了能力。

大数据 +AI 赋能教育

目前，大数据 +AI 正在赋能各行各业，教育也不例外，人脸识别、语音识别等智能技术开始用于语文、英语、音乐等学科，为教育提供更加智能化、个性化的解决方案（图 8.12）。

比如，有些教学平台，可精准定位各专业方向，集教学、实验、培训、考试等功能于一体，一方面基于大数据技术，建立知识图谱，提供互动式教学，进行行为数据分析，在为学生拆解知识点的同时，根据其反馈的知识点掌

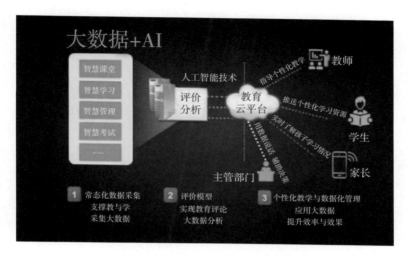

图 8.12　大数据 +AI 赋能教育

握情况，查漏补缺，达到个性化讲解的目的，大大提高教学质量；另一方面，在人工智能技术的加持下，平台通过 AI 助手可准确而智能地问答各种问题，减轻教师授课强度，提高教学效果。

可以看出，大数据 +AI 在教育领域的应用日渐广泛。如果从教学过程来看，落实到授课、学习、考评、管理等各个方面，大数据 + AI 可以使教育在形式和内容方面都能趋于多样化。

授课

"不得不承认，对于学生，我们知道得太少。"这是卡耐基·梅隆大学教育学院的一句名言，同时也是教育领域普遍存在的议题。对于目前而言，从小学到大学接受的还是生产线教育，一代学生使用同一套教材，一个学科由一位教师负责，并通过同一套标准进行考核可谓是常态，个性化的私人教育仍属奢侈品。

现在，大数据+AI可以帮助轻松实现自适应教育与个性化教学。在教学方式方面，智慧课堂可以为教师提供更为丰富的教学手段，全时互动、以学定教，教师上课时也不再只有一本教科书，而是可以任意调取后台海量的优质学习资源，通过多种形式展现给学生。

比如，语音识别和图像识别在教育上的应用，大大提升了师生的教学体验。对于某个英语句子，可以通过手机拍照上传到云端，系统会根据海量的语音素材，用合适的语气和语调阅读这句话，还可以与语音测评技术结合，让学生跟读这句话，并由系统做出测评并反复朗读打分。

同时，通过虚拟现实、增强现实与大数据的结合，可尽可能地还原教育场景，让学生爱学、乐学，学习效果也能有质的飞跃。比如，谷歌通过引入虚拟现实与增强现实技术，创造教学应用"实境教学"，正在悄然改变课堂的活动方式。

在教学过程中，通过收集和分析学生日常学习和完成作业过程中产生的数据，教师即能准确知晓每个学生的知识点掌握情况，为每一个学生有针对性地布置作业，达到因材施教的效果。

此外，未来机器人教学也将成为一种趋势，此前在乔治亚理工学院的一个300多人的课堂上，人工智能机器人吉尔·沃森（Jill Watson）担任了一个月助教，可在第一时间回复邮件，而且口吻并不机械化，因此并没有人发现它其实是机器人。

学习

对于学生而言，在学习过程中，一方面可应用大数据技术，根据知识点的相互关系，制作知识图谱，制定学习计划；另一方面，数据挖掘技术可以帮助进一步分析学生个人的学习水平，并建立与之相匹配的学习计划，并由 AI 系统确定如何为学生提供个性化补充指导，以帮助高效学习，避免题海战术。

比如，过去需要3个小时练习的考题，也许真正需要掌握的知识点只需要花费半个小时。那么应用大数据与人工智能，就可以不断对学生的学习成果进行评估，并有针对性地推荐适合每个学生的练习，节约时间，却能达到更好的学习效果。

同时，利用图像识别技术，也能进一步提高学习效率。如今，学生可以通过上传手机拍摄的教材内容或作业题目，习得要点，解决难点。在线课堂、百科链接，以及教师上传的 PPT、PDF 文件等，可为自主学习提供更多的可能性，而整个过程则是运用机器学习和自然语言处理技术来收集处理的。

另外，在线教育发展得如火如荼，通过提供视频教学、谜语、游戏等灵活多样的课程形式，以及优质丰富的课程内容，使学习不局限于某时某地，可以灵活有效地安排学习计划。

其中，就编程而言，越来越多的孩子通过在线教育进行学习。如编程猫依靠 AI 和数据挖掘系统，为 6～16 岁青少年提供了图形化编程平台，并针对不同学生进行差异化课程推送。学生在平台上通过使用图形化编程语言创作游戏、软件、动画、故事等作品，可以同步锻炼并提升逻辑思维能力、任务拆解能力、跨学科结合能力和团队协作能力等。

考评

在传统教育中，考试与评价耗费了教师的大量时间。

如今，大数据、文字识别、语音识别、语义识别等技术的日趋成熟，使得规模化的自动批改和个性化反馈走向现实。

通过应用大数据与人工智能，教师只需将需要批阅的试卷进行扫描，就能实时统计并显示扫描过的试卷份数、平均分、最高分，以及最集中的错题和对应知识点，一目了然，方便进行全面、实时分析。

如果需要对几十万、几百万份考试试卷进行分析，也能通过精准的图文识别和海量文本检索技术，快速核对检查所有试卷与目标相似的文本，并迅速提取并标注出可能存在问题的试卷，帮助实现智能测评。

管理

如果说学习者大多只是关注"学"的部分，那么学校教育则需要在教学之外，进一步分析教育行为数据，做好管理工作。通过智能技术，充分考虑包括教务处、学生处、校办、校务处等部门在内的校园管理需求，学校可进一步采集、记录、分析教与学及其相关教育行为，更好地勾勒出教育教学的真实形态，有效推进教学信息化。

目前，一些高校已经建立了学生画像、学生行为预警、学生家庭经济状况分析、学生综合数据检索、学生群体分析等功能应用，帮助更好地分辨学生在专业学习或就业方向上的潜能，从而为学生提供个性化的管理与培养方案。

例如，面对多样的选课需求，如何合理排课成为一个亟待解决的难题，而在没有人工智能的时代，教师排课往往需要几周时间，还不能保证让学生满意。现在用人工智能算法进行排课，学生只需提交自己的课程选择，系统可以结合课程、教室、师资进行快速的排课，大大提高了效率与学生满意度。

在教育领域，这只是开始，大数据、人工智能对教育的变革还将持续发酵。未来，以大数据实现教育个性化，用人工智能赋能教育，在成倍放大教育产能的同时，将使得优质教学资源得到充分利用，从而做到因材施教、因人施教。

对此，我们不仅要仰望星空，更要脚踏实地。正如教育家叶圣陶先生所言，教育是农业，而非工业。不仅教育需要一个发展过程，同时孩子们也如农作物一般需要成长时间，而大数据与人工智能则将成为其生长期重要的养分与辅助力量。

第九章

看未来，夺先机

　　随着大数据时代的到来，"得数据者得天下"成为全球共识，在"数据驱动"的新趋势下，各国都在利用资源竞相打造数据优势。在这个发展进程中，我们需要站在未来看现在，针对目前我国大数据发展现状，突破大数据发展瓶颈，将大数据与人工智能充分结合，大力培养大数据人才，推动大数据产业健康发展，借此在全球大数据竞争之中抢占先机。

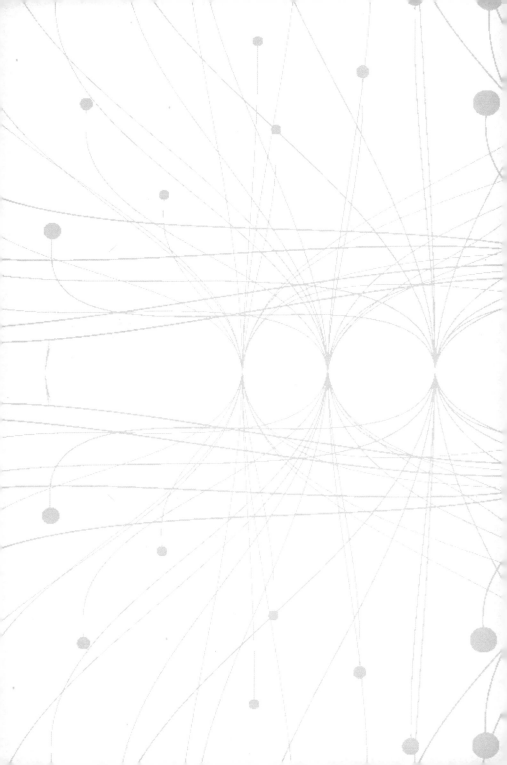

中国大数据崛起之路

如今，全球不同地区的智能城市项目已非常重视大数据的作用，希望改善城市公共交通和基础设施，建设好"智慧城市"。

2017 年 4 月，中国的摩拜单车推出"魔方"这款大数据人工智能平台，通过此平台运用大数据方法运维上百万辆单车。摩拜单车大数据应用借助"魔方"，可监测到包括车辆数据、骑行分布数据、智能推荐停放点数据、城市骑行需求数据等在内的多种数据。在使用谷歌研发的第二代人工智能学习系统 TensorFlow 的基础上，摩拜可轻松实现单车的供需预测和车辆调度。基于智能分析和合理预测，判断出某一地点、某一时段的用车需求量，从而更高效地服务于不同地点的单车需求者。

各地大数据发展概况

目前，中国多个省市将大数据作为重点支持的战略新兴产业。广东省专门成立了大数据管理局，制定产业规划，并确定首批应用示范项目。重庆市制定了"大数据行动计划"，提出让大数据产业成为经济发展的重要增长点，成为具有国际影响力的大数据枢纽及产业基地。

2014 年年初，贵州省出台了大数据产业发展规划和若干政策，将其作为重点支持的新兴产业加以扶持；把大数据作为政府"一把手"工程，建立省级推进机制；以数据流吸引资金、人才等要素，打造国家级大数据内容中心、服务中心和金融中心。

同年，北京市中关村发布加快培育大数据产业集群、推动产业转型升级的意见，完善政策环境，聚集创新资源；搭建平台培育大数据技术创新联盟、产业联盟等组织；加强区域合作，建立"京津冀大数据走廊"。

大数据发展带来的机遇

我国经济发展进入新常态，大数据、云计算、移动互联网等新一代信息技术在经济发展、"大众创业、万众创新"等方面发挥了越来越重要的作用。大数据时代在向我们飞奔而来。我们必须紧紧抓好这一重大战略机遇，才能促进国家安全、社会稳定、经济发展和民生幸福。

在全球范围内，我国的人口基数、人口数量和数据量最多。据推算，2020 年我国数据总量将达到 8.4ZB，将占全球数据总量的 24%，成为世界第一数据大国和"世界数据中心"。

为此，各级政府部门应制定清晰的大数据、云计算顶层设计，从人才、数据主权、关键技术、数据研究、数据创新能力、法制环境支持、覆盖全行业的产业链等关键因素入手，研究大数据发展趋势，评估大数据对政府、经济与社会运行所带来的革命性影响。

现在，大数据已经占据了互联网的半边天，大数据的发展方向越来越受到企业的重视。企业通过对大数据进行分析，能够找到最合适并且满足用户需求的产品特点，进而指导产品设计和产品研发，业务上线后跟踪并分析用户的在线预购、使用习惯、口碑评价等，为优化业务策略提供数据支持，提高业务质量、服务水平和客户体验，最终达到精细化网络营销，提高客户的满意度。一些互联网巨头企业已经在这些方面相当成熟，其收入很大比例也来源于此。基于大数据时代的相关企业人才的缺口状况，各大高校正在紧锣密鼓启动大数据人才培养计划。

大数据开辟国家治理新路径

大数据不仅是一场技术革命、一场经济变革，也是一场国家治理的变革。牛津大学数据科学教授维克托·迈尔－舍恩伯格在其著作《大数据时代》中提道："大数据是人们获得新的认知、创造新的价值的源泉，也是改变市场、组织机构，以及政府与公民关系的方法。"

2018年4月，"十三五"规划建议指出："运用大数据技术，提高经济运行信息及时性和准确性。"在大数据时代，互联网成为政府施政的新平台。

大数据正有力地推动着国家治理体系和治理能力走向现代化。习近平总书记提出："互联网在社会管理方面有较大作用。"李克强总理也提出："把执法权力关进'数据铁笼'，让失信市场行为无处遁形，权力运行处处留痕，为政府决策提供第一手科学依据，实现'人在干、云在算'。"

大数据的发展开辟了政府治理现代化的新途径。国务院印发《促进大数据发展行动纲要》，提出要建立"用数据说话、用数据决策、用数据管理、用数据创新"的管理机制，逐渐实现政府治理能力现代化。应用大数据，使政府治理所依据的数据资料更加全面。不同部门、机构之间的信息协同共享，可以有效提高工作效率，节约治理成本。政府工作能更好地为民众服务，可以大大缓解民众办事难的问题。

突破大数据发展瓶颈的方向

大数据正在广泛融入各行各业，成为新的经济增长点。然而，在大数据快速发展过程中，也面临着技术创新不足、大数据人才匮乏，以及凸显的数据安全等问题，亟须整合社会各界力量，予以突破。

重视安全防护，保障大数据安全

数据无处不在，数据泄露也随处可寻。根据上海社会科学院互联网研究中心发布的《大数据安全风险与对策研究报告》，自 2013 年以来，在企业或社会组织发生的数据安全事件，泄漏量动辄过亿条，既有外部攻击，也有内部泄密，既有技术漏洞，也有管理缺陷，极大地威胁了企业发展和个人信息安全。因此，只要有数据存在的地方，就应该建立安全机制。

在信息安全防护方面，需由政府牵头，社会各界联动响应，才能将信息安全落到实处。首先，在技术层面，亟须提高安全防护技术水平，在网络安全与个人隐私保护方面加强研究，增强防御信息安全事件风险的能力。同时，可由政府机构、行业组织和大型企业成立数据治理委员会、大数据管理局等专门的数据治理机构，引进第三方信息安全审计，对数据治理进行统筹管理。

此外，为了明确数据安全边界，建议起草和颁布《数据法》《信息保护法》《数据开放法》等，进一步完善相关法律法规和政策，使数据保护切实做到有法可依、依法治理。值得注意的是，在建设中国数据安全保障体系的过程中，需要在数据安全保护与信息开放共享之间找到合理的平衡点，在注重保护企业和个人信息安全的同时，也需倡导数据的开放共享，使得数据这一新时代的生产资料能够

流通起来，让公众共享大数据技术带来的社会进步和惠民
福利。

研发关键技术，发展大数据产业

纵观全球大数据竞争态势，各国的大数据竞争在很大
程度上依赖于大数据技术实力与创新能力，在大数据核心
领域拥有关键技术的国家，往往能够在大数据竞争中拔得
头筹，占据优势地位。为此，在我国大力发展大数据产业
的过程中，需要对数据的实时采集、海量信息存储与处理，
以及可视化展示等各个环节，加强关键技术的研发力度。

在大数据的处理过程中，在大数据采集、大数据预处
理、大数据存储及处理、大数据分析及挖掘等各个环节，
都面临着关键技术的研发问题。比如，大数据采集环节的
数据库采集、网络数据采集、文件采集，大数据预处理过
程中的数据清理、数据集成、数据变换、数据规约，大数
据存储中的数据库集群、技术扩展和封装，大数据分析挖
掘中的可视化分析、数据挖掘算法、预测性分析、语义引
擎、数据质量管理等。

对于以上大数据技术，亟须政府给予大力的资金与政
策支持，突破核心技术研发创新和应用，提高自主研发创
新能力，构建具有核心技术自主权的大数据产业链。特别

是对于某些重点领域的核心技术，建议在国家层面设立财政专项资金，突破制约发展的瓶颈。

创新培养模式，培养大数据人才

正如滴滴出行 CEO 程维所说，"大数据发展的瓶颈是人才"。2017 年 3 月 28 日，根据人民日报社的报道，未来 3~5 年，中国需要 180 万数据人才，但目前只有约 30 万人，人才缺口达到 150 万人。同时，在大数据人才市场上存在难以避免的断层现象，不仅缺乏学科带头人和顶尖人才，基础型人才也十分紧缺。

发展大数据产业，首要环节就是培养多层次、高素质的大数据人才队伍。为此，需要政府、高校、企业和社会通力合作。一方面着力培养满足社会需求的大数据应用人才，不仅支持与辅助本科高等院校开设大数据相关学院和专业，同时对于高职高专院校相关专业的建设，给予积极的财政与资金支持，通过职业教育培养专业的技能人才。另一方面，积极打造复合型的大数据人才队伍。在注重培养应用型人才的基础上，培养大数据核心技术研发人才，积极引进高端人才，培养和打造一批既懂得数据采集、数据算法、数据挖掘分析等专业技术，同时又兼顾预测分析、市场应用、管理指挥的复合型人才。

大数据与 AI 将融为一体

　　大数据 +AI 将是未来的发展趋势，在两者趋于融合的发展过程中，大数据将为 AI 提供"养料"，喂养其不断成长壮大，而发展的 AI 同时也可反过来助推大数据技术的深度应用。

　　大数据为 AI 提供"养料"

　　2016 年，围棋大师 AlphaGo 惊艳亮相，当人们了解其"成长历程"后不难发现，它的成功离不开大量数据的"喂养"，正是在基于海量棋谱的对弈和自弈过程中，AlphaGo 通过深度学习，实现了成长蜕变。

　　在无人驾驶、图形图像识别、语音识别与交互、医疗诊断等 AI 技术越来越广泛应用的领域，无不需要海量数据提供研究基础。正是基于海量图片、语音、视频等资源，在 AI 技术的加持下，赋予机器在短时间内实现快速学习与提高的能力，并进一步助其完成思考、决策和最终的行动。

AI 助推大数据深度应用

随着数据分析模型和算法等应用取得不断突破，数据分析能力得到进一步增强，AI 也能做出更为复杂的决策。在这个基础上，不断趋于成熟的 AI 技术反过来进一步推动大数据深度应用的落地。

目前，诸多知名企业在这方面走到了行业前沿。比如，就京东而言，在其打造智慧供应链管理平台的过程中，通过运用机器学习、运筹优化等核心技术，建立基于数据驱动的智能分析系统，实现销量预测、智能补货、滞销处理、库存优化等应用。

AI 浪潮下的人类机遇与挑战

这些年来，大数据与 AI 技术的飞速发展，给人们带来了极大的便利。比如，通过 AI、Google 可以扫描并识别视网膜病变，提前预测患者的发病概率，尽早采取诊断反应；Google Map 可以开启 AR 相机进行实景导航，在通过 AI 识别的街景中轻松辨别方位。

AI 是把双刃剑，在给人们生活带来诸多便利和机遇的同时，也给人类带来了不少挑战。霍金认为："人工智能可能完全取代人类，最终演变成为一种超越人类的新的生命形式。"《人类简史》的作者尤瓦尔·赫拉利也曾直言："我们应该是最后一代智人，再过一两百年，世界将被完全不同的实体统治。"

在 2013 年，被比尔·盖茨称为预测 AI 最为准确的雷·库兹韦尔曾做出预测，AI 奇点将至，到 2045 年计算机将超越人脑，AI 将全面超越人类水平。

马斯克也曾发表著名的"AI 威胁论"，他曾警告人们，人工智能可能引发第三次世界大战。接着不久，他又称人工智能是人类文明的最大威胁。

当然，在此并不是想渲染 AI 威胁论，而是提醒人们思考如何更好地应对人工智能带来的变化。也许我们难以像马斯克一样将解决措施寄希望于移民火星，但是为了避免人类在超级 AI 到来时手足无措，加强 AI 的安全防护研究尤为必要。

万物互联迈进潘多拉星球时代

在电影《阿凡达》里，描绘了一个潘多拉星球，这个星球是一个万物互联的生态网络。该星球上的所有生物通过一个比人脑还要复杂的神经网络，连接成为一个有机整体，从而构成一个紧密、和谐的生态系统。在这个系统中，个体将自己一生的全部信息存储在周围的植物中，所有植物的思想汇聚起来从而构成生态网络。假如一种植物死亡，它的记忆和经验不会因此消亡，而会被整个生态网络继承。如果新的生命诞生，这个生态系统也会赋予它整个网络的智慧和经验，并使其在此基础上得到新发展。

潘多拉星球具有万物互联的特征，万物互联的核心仍然是互联网。地球上的互联网正在逐步演化成一个有机整体，而互联网与 4G、5G、物联网的交织，标志着万物互联的进程正在加快。

何为万物互联

万物互联，即将人、流程、数据和事物结合在一起，使网络连接变得更加相关，更有价值。万物互联，将信息转化为行动，给企业、个人和国家创造新的功能，并带来更加丰富的体现、无限的可能和前所未有的经济发展机遇。

今天，物联网进入"万物互联"时代，所有的东西将会获得语境感知，处理能力和感应能力也会大大增强。将人和信息加入互联网，将会得到一个集合十亿甚至万亿连接的网络，这些连接会创造前所未有的机会。

　　科技先驱、3Com 公司创始人罗伯特·梅特卡夫提出著名的"梅特卡夫定律"——随着越来越多的事物、人、数据和互联网联系起来，互联网的力量正呈指数增长。他认为，网络的价值与联网的用户数的平方呈正比，网络的力量大于部分之和，使得万物互联产生令人难以置信的结果。

　　随着我们步入万物互联时代，公众将更多的注意力投向梅特卡夫定律，大家都想知道这个定律是否仍适用现在的情况——随着用户数的增加，网络的价值是否仍呈指数级增长。

　　其实，网络创造了前所未有的商机，静默的物品被赋予声音，唤醒人们能想到的几乎一切事物。万物互联将给我们提供更清晰的画面、更广阔的前景，让我们能够基于现实做出更准确的决策。

万物互联的发展趋势

　　我们每天醒来都可以感受到获取信息的便捷。无人驾驶汽车、智能家电、机器人等已经从科幻电影里走入寻常百姓家。人工智能、大数据、云计算、物联网，正在以我们无法想象的速度改变着世界，驱动着消费升级和产业变革，创新正成为全球产业变革的引爆点。

重要的数据信息，正在变成新商业的基本资源。在这个过程中，我们需要认真思考的问题是，怎样利用数据推动新经济的变化、产业的融合、供给侧结构的改革和升级。互联网最本质的特征就是和用户永远保持连接，然后再向用户提供服务，物联网使得传统的安全理念从原来的网络安全、电脑安全、手机安全转向生活安全和用户的人身安全。比如，孩子戴上儿童智能手表后，父母可以随时了解孩子的位置，孩子遇到危险情况时，父母也可以在第一时间得知。

其实，万物互联模式形成已久，但只有当宽带普及到一定程度，且网格计算、管理技术、虚拟化、容错技术、SOA 等具备一定的成熟程度并集成在一起时，再加上一些大公司的推动，万物互联才如同一颗新星一样能够闪亮登场。众多新方法、新技术的运用和规模经济性，以及公众的共享使用可以大大提高资源利用率，这使得万物互联成为一种划时代的技术。

物联网使用数量惊人的传感器，采集海量的数据，通过 4G、5G、宽带互联网等进行传输，汇集到云计算设施进行处理、分析，从而可以更加迅速、准确、智能地对物理世界进行管理和控制，使人类可以更加精细地管理生产和生活，达到"智慧"的状态，从而大幅提高生产力水平和生活质量。

　　综上所述，未来是大数据、深度学习、人工智能驱动的时代。万物互联会改变现有的商业模式。通过在车联网、无人驾驶、公共安全、医疗等领域，用物联网、"互联网＋"等能够把公共事业做得更加精准。物联网将把小环境和数以亿计的物体变成云计算的感知和控制对象，4G、5G等将把每个人变成云计算里的应用节点和智能节点，而高度一体化的云计算与网格计算联合体就像潘多拉星球的圣母，将以其超强的能力与智慧，把这个星球的力量凝聚在一起。

推动大数据技术产业创新发展

　　近几年，大数据产业保持快速和健康的发展态势，不断向其他传统产业渗透融合，衍生出一大批新服务、新业态、新产品和新模式。随着新一代信息技术产业快速发展，经济、社会各领域的信息网络化程度不断加深，国内旺盛的应用需求和巨大的市场空间，将为大数据产业的创新发展提供更为强大的驱动力。

但是，大数据产业也面临着数据开放共享水平有待提高、技术创新对产业发展的引领作用不强、数字转型程度亟须提升、产业统计和标准体系亟须构建、数据安全和数据主权面临新问题等挑战。所以，我们需要采取相关举措，推动大数据技术产业的创新发展。具体可以从以下几个方面入手。

加强产业生态体系建设

支持开发工业大数据解决方案，利用大数据培训发展制造业新业态，开展工业大数据创新应用试点。促进云计算、大数据、工业互联网、个性化定制、3D 打印等集成，推动制造模式变革和工业转型升级。以加快新一代信息技术与工业深度融合为主线，积极培育新产品、新业态、新技术、新模式。

支持地方大数据产业发展

北京、上海、广州、西安、贵阳等地区大数据产业飞速发展，先行先试、主动探索，已初见成效。如支持和批复贵阳·贵安大数据产业发展集聚区创建工作，在出台产业扶持政策、开展数据共享交易、法律法规等方面成效显著。下一步，工业和信息化部将进一步动员和支持各地方、各行业、各部门开展大数据技术、产业、应用、政策等各方面的探索和实践，依托相关项目资金，在重点地区和行业开展应用示范，总结经验、深化改革、加快推广。

探索和加强行业管理

结合"建设互联网强国""宽带中国"等战略，指导数据中心科学布局，加快推动宽带普及提速，提升互联网数据中心业务市场管理水平。加大对隐私信息保护、网络安全保障、跨境数据流动的管理。推动和配合相关部门组织开展数据共享、开放、安全、交易等方面的立法研究工作。解决制造大数据产业发展体制机制因素和不确定性的市场因素，为产业和应用发展营造良好的法规和市场环境。

强化核心技术创新

除了加强大数据核心技术攻关，布局国家大数据科技创新重大专项，还要加速推进科研成果转化，发展以应用需求为牵引的跨学科、跨领域交叉融合技术研究，汇聚多方资源共同加快大数据前沿技术产业化进程。同时，构建支撑数字化转型的创新网格，统筹推进国家大数据综合试验区、产业集聚区和新型工业化示范基地建设，支持面向大数据应用领域的创新创业，鼓励支持中小企业、初创企业加强大数据应用技术开发。

促进实体经济发展

要开展工业大数据技术、产品、平台和解决方案的研发和企业化，建设一批国家级、行业级、企业级工业互联网平台，不仅要推动企业在计算科学、资源勘探、卫星应用、现代农业、重大装备制造等领域应用大数据，还要推动大数据与商业、金融、医疗、文化、教育等领域的结合。

到 2020 年，预计全球数据使用量将达到约 400 亿 TB，会涵盖经济、社会、军事、政治等各个领域，成为新的重要驱动力。数据是 21 世纪非常珍贵的财产。大数据正在改变各国综合国力，重塑未来国际战略格局，它重新定义了大国之间博弈的空间。在大数据时代，世界各国对数据的依赖程度快速上升，国家竞争焦点已经从资本、土地、人口、资源的争夺转向了对大数据的争夺。

中国将更好地利用互联网、大数据、云计算，为大众创业提供平台，共促数据开放、数据安全、产业繁荣、技术创新和融合发展。

实际上，如何发展大数据已经发展成国家、社会、产业的一个重要话题。未来，随着中国大力推动大数据产业与公共服务的融合，将有效促进产业增质提效升级，提升政府治理和公共服务能力水平。数据是每个人的大数据，是每个企业的大数据，更是整个国家的大数据。随着国家大数据战略的实施，基于大数据的智慧生活、智慧企业、智慧城市、智慧政府、智慧国家等将会一一实现。

大数据人才培养

2016 年 12 月发布的《大数据产业发展规划（2016—2020 年）》指出，"大数据基础研究、产品研发和业务应用等各类人才短缺，难以满足发展需要"。

随着数据采集、数据存储、数据挖掘、数据分析等大数据技术在越来越多的行业中得到应用，大数据人才紧缺问题日益凸显。麦肯锡预测，每年数据科学专业的应届毕业生将增加 7%，然而仅高质量项目对于专业数据科学家的需求量每年就会增加 12%，人才供不应求。

以贵州大学为例，其首届大数据专业研究生就业率就达到 100%。急切的人才需求直接催热了大数据专业，教育部正式设立"数据科学与大数据技术"本科专业（专业代码：080910T）与"大数据技术与应用"专科专业（专业代码：610215）。

根据教育部公布的 2017 年度普通高等学校本科专业备案和审批结果的通知，目前申请获批数据科学与大数据技术专业的高校已增至 278 所。2018 年 1 月 18 日，教育部公布"大数据技术与应用"专业备案和审批结果，已有 270 所高职院校申报开展"大数据技术与应用"专业，其中共有 208 所职业院校获批。随着大数据的深入发展，未来几年申请与获批该专业的院校仍将持续增加。

不过，就目前而言，在大数据人才培养和大数据课程建设方面，大部分高校仍然处于起步阶段，需要探索的问题还有很多。首先，大数据是个新生事物，懂大数据的老师少之又少，院校缺"教师"；其次，尚未形成完善的大数据人才培养和课程体系，院校缺"机制"；再次，大数据实验需要为每位学生提供集群计算机，院校缺"机器"；最后，院校不拥有海量数据，开展大数据教学科研工作缺"原材料"。

参考文献

［1］许金叶，许琳. 构建会计大数据分析型企业［J］. 会计之友，2013.

［2］张臻竹，张丽. 大数据时代背景下的食品安全供应链的发展演变初探［J］. 食品研究与开发，2014.

［3］王强，林立成，赵畅. 创建高层次人才评价新机制　加快实现新旧动能转换［J］. 人才研究，2017.

［4］刘鹏. 大数据［M］. 北京：电子工业出版社，2017.

［5］姚丽亚. 大数据时代突发事件舆论引导［J］. 新闻研究导刊，2015.

［6］数据之王. 一图读懂大数据是如何登上国家发展战略"高位"的［DB/OL］. http://www.cbdio.com/BigData/2016-01/29/content_4566055.htm.

［7］工信部. 大数据产业发展规划（2016—2020年）［DB/OL］. http://www.miit.gov.cn/n1146285/n1146352/

n3054355/n3057656/n3057660/c5465614/content.html.

[8] 黄鑫. 中国大数据世界排第几 [N]. 经济日报, 2017.

[9] 陈加友. 国外大数据发展战略的经验与启示研究 [J]. 2016.

[10] 张茉楠. 构造大数据时代国家安全战略 [J]. 服务外包, 2015.

[11] 刘鹏. 云计算 [M]. 3版. 北京: 电子工业出版社, 2015.

[12] 光大证券-计算机行业: 解毒大数据 讲述一个最真实的故事 [DB/OL]. https://wenku.baidu.com/view/ee6dab09ba1aa8114431d9bb.html.

[13] 中国国际经济交流中心课题组. 如何更好实施国家大数据战略研究 [J]. 全球化, 2018.

[14] 科学网. 邬贺铨院士: "大智物移云" 时代来临 [DB/OL]. http://news.sciencenet.cn/htmlnews/2017/3/371416.shtm?id=371416.

[15] 钟瑛, 张恒山. 大数据的缘起、冲击及其应对 [N]. 现代传播 (中国传媒大学学报), 2013.

[16] 陈燕. 大数据及其应用 [J]. 2015.

[17] 彭文梅. 大数据时代高校图书馆资源共建共享探析 [J]. 肇庆学院学报, 2014.

[18] 唐国纯, 罗自强. 云计算体系结构中的多层次研究 [J].

铁路计算机应用，2012.

［19］叶毓睿．云计算时代的企业级存储之特性［J］．广州城市职业学院学报，2016.

［20］杨竑．会计信息系统"云化"研究［J］．金融会计，2015.

［21］光明观察．大数据时代下，数据使用与隐私保护的博弈［DB/OL］．http://guancha.gmw.cn/2017-03/09/content_23930917.htm.

［22］段云峰．大数据的互联网思维［J］．电信网技术，2017.

［23］徐宗本．用好大数据须有大智慧［J］．政策，2016.

［24］张军，姚飞．大数据时代的国家创新系统构建问题研究［J］．中国科技论坛，2013.

［25］大数据处理框架的类型、比较和选择［EB/OL］．（2017-11-29）［2018-10-24］．https://blog.csdn.net/huangshulang1234/article/details/78640938.

［26］终于有人把云计算、大数据和人工智能讲明白了［EB/OL］．（2018-03-14）［2018-10-24］．https://www.sohu.com/a/225506306_411876.

［27］郭宇卉．如何处理大数据　大数据的处理模式有哪些［EB/OL］．（2018-01-12）［2018-10-24］．http://plus.tencent.com/detailnews/ 892.

［28］大规模图计算研究［EB/OL］.（2018-7-30）［2018-10-24］. https://www.seoxiehui.cn/article-45205-1. html.

［29］孟小峰，慈祥. 大数据管理：概念，技术与挑战［J］. 计算机研究与发展，2013.

［30］刘鹏. 大数据库［M］. 北京：电子工业出版社，2017.

［31］朱洁，罗华霖. 大数据架构详解：从数据获取到深度学习［M］. 北京：电子工业出版社，2016.

［32］刘鹏，于全，杨振宇，等. 云计算大数据处理［M］. 北京：人民邮电出版社，2015.

［33］朱欣娟. 基于VFP和SQL的数据库技术及应用［M］. 西安：西安电子科技大学出版社，2004.

［34］冯博琴，顾刚，夏秦，等. 大学计算机基础（Windows XP+ Office 2003）［M］. 北京：人民邮电出版社，2009.

［35］张建林. 管理信息系统［M］. 杭州：浙江大学出版社，2004.

［36］陈世敏. 大数据分析与高速数据更新［J］. 计算机研究与发展，2015.

［37］刘润达，孙九林，廖顺宝. 科学数据共享中数据授权问题初探［J］. 情报杂志，2010.

［38］周屹，李艳娟. 数据库原理及开发应用［M］. 2版. 北

京：清华大学出版社，2013.

［39］三种常用数据标准化方法［DB/CD］．https://blog.
csdn.net/bbbeoy/article/details/70185798.

［40］数据科学、数据技术与数据工程［DB/CD］．https://
blog.csdn.net/willtongji/article/details/52874536.

［41］李俊杰：大数据时代的隐私保护和数据安全［DB/CD］.
https://mp.weixin.qq.com/s/hQywQWLtW8pncv_
VAQcYsw.

［42］孟小峰. 大数据管理概论［M］. 北京：机械工业出版
社，2017.

［43］梁丽燕. 关联规则挖掘Apriori算法在数字档案系统中
的应用研究［J］. 现代计算机（专业版），2011.

［44］分类算法简介［DB/OL］. https://blog.csdn.net/jediael_
lu/article/details/44152293.

［45］分类算法总结［DB/OL］. https://blog.csdn.net/chl033/
article/details/5204220.

［46］机器学习－分类算法总结［DB/OL］. https://blog.
csdn.net/lsjseu/article/details/12350709.

［47］田矿，杜宁林. 一种面向高维数据的集成聚类算法
［DB/OL］. https://www.csdn.net/article/a/2014-11-
04/15820795.

［48］刘鹏. 大数据可视化［M］. 北京：电子工业出版社，
2018.

［49］图计算引擎——将关联分析发挥到极致［DB/OL］.
https://www.prnasia.com/story/166062-1.shtml.

［50］哈尔滨商业大学银河统计工作室. 网络统计图形［DB/
OL］. https://www.cnblogs.com/cloudtj/p/6097451.
html#A1.

［51］Excel 各种图表的应用范围及用途介绍［DB/OL］.
https://yq.aliyun.com/wenji/166289.

［52］数据可视化：基本图表［DB/OL］. https://blog.csdn.
net/robertsong 2004/article/details/41599255.

［53］王露. 大数据领导干部读本［M］. 北京：人民出版社，
2015.

［54］邱文斌. 大数据打造"智慧政务"［EB/OL］. ［2018-
10-24］. http://www.jlth.gov.cn/nd.jsp? id=76.

［55］谢雪峰. 利用大数据推进智慧政务的建设［J］. 科技视
界，2016（2）：233.

［56］赵银红. 智慧政务：大数据时代电子政务发展的新方
向［J］. 办公自动化，2014（22）：52-55.

［57］互联网＋政务的大数据影响及对策分析［DB/OL］.
（2017-05-11）［2018-10-24］. http://news.hexun.

com/2017-05-11/189150871.html.

［58］张锐昕，刘红波. 电子政务反腐败的效力表现与提升策
略［J］. 行政与法，2013（10）：1-4.

［59］深圳宝安"智慧政务"助力现代服务型政府建设［J］.
计算机与网络，2016，42（13）：7-9.

［60］延安市 12345 智慧政务服务和社情民意调查平台介
绍［DB/OL］. http://www.sztaiji.com/case/show-1.
html.

［61］车洪莹. 大数据时代智慧政务建设与发展路径研究［J］.
财会学习，2017（15）：203.

［62］多淑金，郭梅. 我国智慧政务建设的问题与对策［J］.
保定学院学报，2015，28（5）：38-43.

［63］张诚博. 学习应用"大数据"电子政务提效能［J］. 福
建质量技术监督，2013（6）：27-28.

［64］胡倩雯. 让政务服务"零距离"［N］. 玉溪日报，2017-
08-28.

［65］牛温佳，刘吉强，石川，等. 用户网络行为画像：大数
据中的用户网络行为画像分析与内容推荐应用［M］.
北京：电子工业出版社，2016.

［66］李博，董亮. 互联网金融的模式与发展［J］. 中国金融，
2013（10）：19-21.

［67］聂广礼，纪啸天. 互联网信贷模式研究及商业银行应对建议［J］. 农村金融研究，2015（2）：18-23.

［68］周志华. 机器学习［M］. 北京：清华大学出版社，2016.

［69］陈毓钊. 精准发力　招大引强［N］. 贵州日报，2016-05-25.

［70］杨文. 贵州依托大数据促进经济社会发展的思考［J］. 贵阳市委党校学报，2015（5）：8-11.

［71］黄鑫. 大数据如何影响传统产业［N］. 经济日报，2017-07-07.

［72］阿里研究院. 阿里研究院潘永花：大数据推动制造业转型升级的5个方向［J］. 杭州科技，2016（4）：43-46.

［73］数据分析师发展前景：大数据应用场景之行业篇［EB/OL］.（2016-04-25）［2018-10-24］. http://blog.sina.com.cn/s/blog_13bb711fd0102w95e.html.

［74］杨秀萍. 大数据在互联网金融风控中的应用研究［J］. 电子世界，2014（17）：12-13.

［75］全球网携众合作银行"深耕细作"商圈小微企业［EB/OL］.（2014-03-18）［2018-10-24］. http://dengym_qqwcom.blogchina.com/2118502.html.

［76］李杰义，刘裕琴．大数据技术支持精准扶贫模式创新［N］．中国社会科学报，2017-09-27.

［77］商鞅．商君书［M］．张洁，译．北京：北京联合出版公司，2017.

［78］陈婉．大数据时代背景下公安工作的思考与探索［J］．法制与社会，2015.

［79］单勇．以数据治理创新社会治安防控体系［J］．中国特色社会主义研究，2015.

［80］张文彬．浅谈大数据与公安信息化建设［J］．信息化建设，2016.

［81］张新红，于凤霞，刘厉兵，等．信息化城市发展战略的基本框架［J］．电子政务，2012.

［82］熊春林，李卉．大数据时代农村公共危机防控的应对策略［J］．农业图书情报学刊，2018.

［83］居安．当城市拥有大脑，将会发生什么［J］．创新时代，2018.

［84］让数据帮城市做思考和决策 杭州运用"城市大脑"治理交通难题［DB/OL］．汽车与安全，2018.

［85］张晁军，陈会忠，蔡晋安，等．地震预警工程的若干问题探讨［J］．工程研究——跨学科视野中的工程，2014.

［86］詹志明，尹文君. 环保大数据及其在环境污染防治管理创新中的应用［J］. 环境保护，2016.

［87］汪艳英. "河长制"对河流治理的作用［J］. 教学考试，2017.

［88］戴春晨，王鹏钧. 今后每一位教师都需要一个 AI 助手［J］. 21 世纪经济报道，2017.

［89］Citymapper 首个商用巴士路线 缓解城市交通和 Uber 抢夺大数据［DB/OL］. http://www.p5w.net/news/cjxw/201707/t20170724_ 1890010.html.

［90］摩拜上线"魔方"平台 大数据智能运维是关键［DB/OL］. http://news.cnfol.com/it/20170413/24585796.shtml.

［91］半月谈：中国大数据产业崛起［DB/OL］. http://article.ccw.com.cn/article/view/102601.

［92］维克托·迈尔 - 舍恩伯格，肯尼思·库克耶. 大数据时代［M］. 盛杨燕，周涛，译. 杭州：浙江人民出版社，2013.

［93］中华人民共和国国民经济和社会发展第十三个五年规划纲要［DB/OL］. https：//wenku.baidu.com/view/1286562889eb172dec63b799.html.

［94］何平. 大数据时代领导干部的思维变革［J］. 大连干部

学刊，2016（4）.

［95］刘鹏：云计算开启潘多拉星球时代［DB/OL］. http://
www.chinacloud.cn/show.aspx? id=2195&cid=14.

［96］陈晓光. 生存　进化　蜕变——城市广播电视台的必由
之路［J］. 中国广播电视学刊，2018（4）.

［97］《促进大数据发展行动纲要》解读［EB/OL］. http://
www.ithowwhy.com.cn/auto/db/detail.aspx? db=999
021&rid=37828&md=1&pd=12&msd=1&psd=12&mdd
=7&pdd=213&count=10.

［98］ARMBRVST M, FOX A, GRIFFITH R, et al. Above
the Clouds: A Berkeley View of Cloud Computing［J］.
UC Berkeley, RAD Laboratory. 2009.

［99］LIPCON T. Design Patterns for Distributed Non-
relational Databases［R］. 2009.

［100］HEY T, TANSLEY S, TOLLE K. The Fourth
Paradigm: Data- Intensive Scientific Discovery［J］.
Microsoft Research, 2009.

［101］HEY T, TANSLEY S, TOLLE K. Jim Grey on e
Science: A transformed scientific method. In:
Hey T, Tansley Sand Tolle K（eds）. The Fourth
Paradigm: Data-Inten-sive Scientific Discovery［N］.

Redmond: Microsoft Research, 2009.

[102] BREWER E. Towards Robust Distributed Systems
[R]. Keynote at the ACM Symposium on Principles
of Distributed Computing (PODC) on 2000.